高等职业教育机电类专业系列教材

PLC 编程与应用技术

（三菱 FX$_{3U}$）

主　编　范次猛　　丁明华

副主编　陈　蓉　　张照磊　　万　萍

主　审　王　猛

西安电子科技大学出版社

内 容 简 介

　　本书是根据最新制定的"PLC 编程与应用技术"核心课程标准，参照相关行业国家职业标准和规范编写而成的。全书共分为两个部分，包含 3 个单元和 15 个项目，主要以三菱 FX$_{3U}$ 系列 PLC 机型为重点，从硬件到软件，从基本逻辑指令、步进顺控指令到功能指令分别进行了详细介绍。书中第一部分 3 个单元，分别介绍了 PLC 的基本知识、三菱 FX$_{3U}$ 系列 PLC 的硬件资源、GX Developer 编程软件的使用；第二部分安排了 15 个工程训练项目，由浅入深、由简到难，引导学生进一步认识 PLC 相关知识并进行相应的技能训练。

　　本书围绕项目构建教学体系，以具体任务为教学主线，以实训场所为教学平台，将理论教学与技能操作有机结合，采用"项目教学法"完成课程的理论实践一体化教学，通过教、学、做紧密结合，突出了学生操作技能、设计能力和创新能力的培养与提高。

　　本书可作为职业院校机电类、电气类、数控类等相关专业的教学用书，也可供有关工程技术人员参考使用，选用学校可根据实际需要，灵活选择不同的模块和项目开展教学。

图书在版编目(CIP)数据

　　PLC 编程与应用技术：三菱 FX$_{3U}$/范次猛，丁明华主编. －西安：西安电子科技大学出版社，2018.7(2023.7 重印)
　　ISBN 978 － 7 － 5606 － 4926 － 9

　　Ⅰ．① P… Ⅱ．① 范… ② 丁… Ⅲ．① PLC 技术—程序设计 Ⅳ．① TM571.61

中国版本图书馆 CIP 数据核字(2018)第 099428 号

策　　划	李惠萍　秦志峰
责任编辑	雷鸿俊
出版发行	西安电子科技大学出版社(西安市太白南路 2 号)
电　　话	(029)88202421　88201467　　邮　　编　710071
网　　址	www.xduph.com　　　　电子邮箱　xdupfxb001@163.com
经　　销	新华书店
印刷单位	咸阳华盛印务有限责任公司
版　　次	2018 年 7 月第 1 版　2023 年 7 月第 4 次印刷
开　　本	787 毫米×1092 毫米　1/16　印张　16
字　　数	380 千字
印　　数	7001～8000 册
定　　价	42.00 元

ISBN 978 － 7 － 5606 － 4926 － 9/TM

XDUP　5228001 － 4

＊＊＊如有印装问题可调换＊＊＊

前 言
Preface

可编程控制器（PLC）是以微处理器为核心的通用工业自动化装置，它将传统的继电气控制技术与计算机技术、通信技术融为一体，具有结构简单、功能完善、性能稳定、可靠性高、灵活通用、易于编程、使用方便、性价比高等优点。因此，近年来 PLC 在工业自动控制、机电一体化、改造传统产业等领域得到了广泛的应用，并被誉为现代工业生产自动化的三大支柱之一。随着集成电路的发展和网络时代的到来，PLC 将会获得更大的发展空间。

本书立足职业教育的人才培养目标，在编写过程中，突出"职业教育为生产一线培养高素质技能型人才"的教学特点，以加强实践能力的培养为原则，精心组织有关内容，力求简明扼要、突出重点，主动适应社会发展需要，使其更具有针对性、实用性和可读性，努力突出职业教育教材的特点。

本书内容具有以下几个特点：

（1）在具体结构的组织方面，以模块构建教学体系，以具体项目任务为教学主线，通过设计不同的项目，巧妙地将知识点和技能训练融于各个项目之中。教学内容以"必需"与"够用"为度，将知识点作了较为精密的整合，由浅入深、循序渐进，强调实用性、可操作性和可选择性。

（2）本书将理论教学与技能操作有机结合，以实验与实训场所作为教学平台，采用"项目教学法"完成课程的理论实践一体化教学，通过教、学、练的紧密结合，突出了对学生操作技能、设计能力和创新能力的培养与提高，真正符合职业教育的特点和要求。

（3）本书将电气控制技术、PLC 技术、变频技术和触摸屏技术等内容组合在一起，体现了知识的系统性和完整性。

全书共分两个部分。第一部分为 PLC 基础知识，分为 3 个单元：第一单元简明扼要地介绍了 PLC 的基本情况，包括 PLC 的定义、由来、发展、特点、主要应用、基本结构、工作原理、编程语言和主要技术指标等；第二单元介绍了三菱 FX_{3U} 系列 PLC 的硬件资源，包括三菱 FX_{3U} 系列 PLC 的系统配置、基本组成、内部资源等；第三单元介绍了 GX Developer 编程软件的使用。通过本部分的介绍，能使学生快速认识 PLC 并了解其工程应用的一般情况。第二部分为工程项目训练，按职业能力的成长过程和认知规律，并遵循由浅入深、由简到难、循序渐进的学习过程，精心编排了 15 个工程训练项目，每个项目又按引领项目和自主巩固提高项目作了双线安排，包含学习目标、项目介绍、相关知识、任务实施、拓展训练、巩固与提高六个方面。项目中均介绍了完成项目必需的知识内容，方便学生进行 PLC 相关知识的学习和技能训练。

本书由范次猛、丁明华任主编，陈蓉、张照磊、万萍任副主编，王猛担任主审。其中范次猛编写了项目一、十二、十三、十四、十五及附录，丁明华编写了项目六、七、八，陈蓉编写了项目二、三、四、五，万萍编写了项目九、十、十一，张照磊编写了第一、二、三单元。全书由范次猛负责统稿。

因编者水平和时间有限，书中可能还有不足之处，恳请有关专家、广大读者及同行批评指正，以便再版时改进。同时，在此也对本书所引用的参考文献的作者表示诚挚的感谢！

编　者

2018 年 2 月

目 录
Contents

第一部分 PLC 基础知识

第一单元　认识 PLC

一、学习目标

★知识目标

（1）了解 PLC 的基本概念、产生、分类和应用场合。

（2）熟悉 PLC 的基本组成及其功能特性。

（3）理解 PLC 的工作过程，熟悉 PLC 的扫描工作模式。

★能力目标

（1）通过本单元的学习，能正确辨别 PLC 的种类，可进行 PLC 选型。

（2）能够结合生活实际，举例说明 PLC 的应用领域。

（3）能够上网搜索相关厂家的 PLC 资料。

二、任务导入

在可编程控制器（PLC）出现前，在工业电气控制领域中，继电气控制占主导地位，应用广泛。但是继电气控制系统存在体积大、可靠性低、查找和排除故障困难等缺点，特别是其接线复杂、不易更改，对生产工艺变化的适应性差。

1968 年美国通用汽车（GM）公司为了适应汽车型号不断更新、生产工艺不断变化的需要，实现小批量、多品种生产，希望能有一种通用控制装置，可尽量减少重新设计和更换电气控制系统及接线，以降低成本，缩短周期。

1969 年美国数字设备公司（DEC）根据美国通用汽车公司的这种要求，将计算机功能强大、灵活、通用性好的优点与电气控制系统简单易懂、价格便宜的优点结合起来，成功研制了一种新型工业控制器，并在通用汽车公司的自动装配线上试用，取得了很好的效果。而且这种装置采用面向控制过程和面向问题的"自然语言"进行编程，使不熟悉计算机的人也能很快掌握使用，从此这项技术迅速发展起来。

本单元将带大家一起认识这种新型工业控制器——可编程控制器（PLC）。

三、相关知识

（一）PLC 概述

1. 什么是 PLC

可编程控制器简称 PLC，它是在电气控制技术和计算机技术的基础上开发出来的，并逐渐发展成为以微处理器为核心，把自动化技术、计算机技术、通信技术融为一体的新型工业控制装置。目前，PLC 已被广泛应用于各种生产机械和生产过程的自动控制中，成为一种最重要、最普及、应用场合最多的工业控制装置，被公认为现代工业自动化的三大支柱(PLC、机器人、CAD/CAM)之一。

国际电工委员会(IEC)于 1987 年颁布了可编程控制器标准草案第三稿。在草案中对可编程控制器定义为："可编程控制器是一种数字运算操作的电子系统，专为在工业环境下应用而设计。它采用可编程序的存储器，用来在其内部存储执行逻辑运算、顺序控制、定时、计数和算术运算等操作的指令，并通过数字式和模拟式的输入和输出，控制各种类型的机械或生产过程。可编程控制器及其有关外围设备都应按易于与工业系统形成一个整体，易于扩充其功能的原则进行设计。"

此定义强调了 PLC 应直接应用于工业环境，必须具有很强的抗干扰能力、广泛的适应能力和广阔的应用范围，这是区别于一般微机控制系统的重要特征；同时，也强调了 PLC 用软件方式实现的"可编程"与传统控制装置中通过硬件或硬接线的变更来改变程序的本质区别。

近年来，PLC 的发展很快，几乎每年都推出不少新系列产品，其功能已远远超出了上述定义的范围。

2. PLC 的产生与发展

自从第一台 PLC 出现以后，日本、德国、法国等国也相继开始研制 PLC，使 PLC 得到了迅速的发展。目前，世界上有 200 多家 PLC 厂商、400 多个品种的 PLC 产品，按地域可分成美国、欧洲和日本三个流派，各流派的 PLC 产品都各具特色，如日本主要发展中小型 PLC，其小型 PLC 性能先进、结构紧凑、价格便宜，在世界市场上占有重要地位。著名的 PLC 生产厂家主要有美国的 A－B(Allen-Bradly)公司、GE(General Electric)公司，日本的三菱电机(Mitsubishi Electric)公司、欧姆龙(OMRON)公司，德国的 AEG 公司、西门子(Siemens)公司，法国的 TE(Telemecanique)公司等。

早期的可编程控制器仅有逻辑运算、定时、计数等顺序控制功能，只是用来取代传统的继电气控制，通常称为可编程逻辑控制器(Programmable Logic Controller，PLC)。随着微电子技术和计算机技术的发展，20 世纪 70 年代中期微处理器技术应用到 PLC 中，使 PLC 不仅具有逻辑控制功能，还增加了算术运算、数据传送和数据处理等功能。

20 世纪 80 年代以后，随着大规模、超大规模集成电路等微电子技术的迅速发展，16 位和 32 位微处理器应用于 PLC 中，使 PLC 得到迅速发展。PLC 的控制功能不仅增强了，同时可靠性也提高了，且功耗、体积减小，成本降低，编程和故障检测更加灵活方便，而且具有通信和联网、数据处理和图像显示等功能，使 PLC 真正成为具有逻辑控制、过程控制、运动控制、数据处理、联网通信等功能的名副其实的多功能控制器。

我国的 PLC 研制、生产和应用也发展很快，尤其在应用方面更为突出。在 20 世纪 70 年代末和 80 年代初，我国随国外成套设备、专用设备引进了不少 PLC。此后，在传统设备改造和新设备设计中，PLC 在我国的应用越来越广泛，并取得显著的经济效益，对提高我国工业自动化水平起到了巨大的作用。

从近年的统计数据看，在世界范围内 PLC 产品的产量、销量、用量高居工业控制装置榜首，而且市场需求量一直以每年 15% 的速度增长。PLC 已成为工业自动化控制领域中占主导地位的通用工业控制装置。

3. PLC 的特点

PLC 技术之所以能够高速发展，除了工业自动化的客观需要外，主要是因为它具有许多独特的优点，较好地解决了工业领域中普遍关心的可靠、安全、灵活、方便、经济等问题。PLC 的主要优点如下：

（1）可靠性高，抗干扰能力强。

可靠性高、抗干扰能力强是 PLC 最重要的优点之一。PLC 的平均无故障时间可达几十万小时，之所以有这么高的可靠性，是由于它采用了一系列的硬件和软件的抗干扰措施，如：

① 硬件方面：I/O 通道采用光电隔离，有效地抑制了外部干扰源对 PLC 的影响；对供电电源及线路采用多种形式的滤波，从而消除或抑制了高频干扰；对 CPU 等重要部件采用良好的导电、导磁材料进行屏蔽，以减少空间电磁干扰；对有些模块设置了联锁保护、自诊断电路等。

② 软件方面：PLC 采用扫描工作方式，减少了由于外界环境干扰引起的故障；在 PLC 系统程序中设有故障检测和自诊断程序，能对系统硬件及电路等故障实现检测和判断；当由外界干扰引起故障时，能立即将当前重要信息加以封存，禁止任何不稳定的读写操作，一旦外界环境正常后，便可恢复到故障发生前的状态，继续原来的工作。

（2）编程简单，使用方便。

目前，大多数 PLC 采用的编程语言是梯形图语言，它是一种面向生产、面向用户的编程语言。梯形图与电气控制线路图相似，形象、直观，不需要掌握计算机知识，很容易被广大工程技术人员掌握。当生产流程需要改变时，可以现场改变程序，使用方便、灵活。同时，PLC 编程器的操作和使用也很简单。许多 PLC 还针对具体问题，设计了各种专用编程指令及编程方法，进一步简化了编程。这也是 PLC 获得普及和推广的主要原因之一。

（3）功能完善，通用性强。

现代 PLC 不仅具有逻辑运算、定时、计数、顺序控制等功能，而且还具有 A/D 和 D/A 转换、数值运算、数据处理、PID 控制、通信联网等许多功能。同时，由于 PLC 产品的系列化、模块化，有品种齐全的各种硬件装置供用户选用，可以组成满足各种要求的控制系统。

（4）设计安装简单，维护方便。

由于 PLC 用软件代替了传统电气控制系统的硬件，控制柜的设计、安装接线工作量大为减少。PLC 的用户程序大部分可在实验室进行模拟调试，缩短了应用设计和调试周期。在维修方面，由于 PLC 的故障率极低，维修工作量很小，而且 PLC 具有很强的自诊断功能，如果出现故障，可根据 PLC 上指示或编程器上提供的故障信息，迅速查明原因，维修极为方便。

（5）体积小、重量轻、能耗低。

由于 PLC 采用了集成电路，其结构紧凑、体积小、能耗低，因此 PLC 是实现机电一体化的理想控制设备。

4. PLC 的应用领域

目前，在国内外 PLC 已广泛应用于冶金、石油、化工、建材、机械制造、电力、汽车、轻工、环保及文化娱乐等领域。随着 PLC 性能价格比的不断提高，其应用领域也在不断扩大。从应用类型看，PLC 的应用大致可归纳为以下几个方面。

1）开关量逻辑控制

利用 PLC 最基本的逻辑运算、定时、计数等功能实现逻辑控制，可以取代传统的继电气控制，用于单机控制、多机群控制、生产自动化控制等，如机床、注塑机、印刷机械、装配生产线、电镀流水线及电梯的控制等。这是 PLC 最基本的应用，也是 PLC 最广泛的应用领域。

2）运动控制

大多数 PLC 都具有拖动步进电机或伺服电机的单轴或多轴位置控制模块。这一功能广泛用于各种机械设备，如对各种机床、装配机械、机器人等的运动控制。

3）过程控制

大、中型 PLC 都具有多路模拟量 I/O 模块和 PID 控制功能，有的小型 PLC 也具有模拟量输入/输出功能。所以 PLC 可实现模拟量控制，而且具有 PID 控制功能的 PLC 可构成闭环控制，用于过程控制。这一功能已广泛用于锅炉、反应堆、水处理、酿酒以及闭环位置控制和速度控制等方面。

4）数据处理

现代 PLC 都具有数学运算、数据传送、转换、排序和查表等功能，可进行数据的采集、分析和处理，同时可通过通信接口将这些数据传送给其他智能装置，如计算机数值控制（CNC）设备，由其进行处理。

5）通信联网

PLC 的通信包括 PLC 与 PLC、PLC 与上位计算机、PLC 与其他智能设备之间的通信，PLC 系统与通用计算机可直接或通过通信处理单元、通信转换单元相连构成网络，以实现信息的交换，并可构成"集中管理、分散控制"的多级分布式控制系统，满足工厂自动化（FA）系统发展的需要。

5. PLC 的分类

PLC 产品种类繁多，其规格和性能也各不相同。对 PLC 的分类，通常根据其结构形式的不同、功能的差异和 I/O 点数的多少等进行大致分类。

1）按结构形式分类

根据 PLC 的结构形式，可将 PLC 分为整体式和模块式两类。

（1）整体式 PLC。整体式 PLC 是将电源、CPU、I/O 接口等部件都集中装在一个机箱内，其具有结构紧凑、体积小、价格低的特点。小型 PLC 一般采用这种整体式结构。整体式 PLC 由不同 I/O 点数的基本单元（又称主机）和扩展单元组成。基本单元内有 CPU、I/O 接口、与 I/O 扩展单元相连的扩展口，以及与编程器或 EPROM 写入器相连的接口等。扩展单元内只有 I/O 和电源等，没有 CPU。基本单元和扩展单元之间一般用扁平电缆连接。整体式 PLC 一般还可配备特殊功能单元，如模拟量单元、位置控制单元等，使其功能得以扩展。

（2）模块式 PLC。模块式 PLC 是将 PLC 各组成部分分别制作成若干个单独的模块，如 CPU 模块、I/O 模块、电源模块（有的含在 CPU 模块中）以及各种功能模块。模块式 PLC

由框架或基板和各种模块组成，模块装在框架或基板的插座上。这种模块式 PLC 的特点是配置灵活，可根据需要选配不同规模的系统，而且装配方便，便于扩展和维修。大、中型 PLC 一般采用模块式结构。

还有一些 PLC 将整体式和模块式的特点结合起来，构成所谓叠装式 PLC。叠装式 PLC 的 CPU、电源、I/O 接口等也是各自独立的模块，但它们之间是靠电缆进行连接的，并且各模块可以一层层地叠装。这样一来，不但系统可以灵活配置，体积还可做得小巧一些。

2）按功能分类

根据 PLC 所具有的功能不同，可将 PLC 分为低档、中档和高档三类。

（1）低档 PLC：具有逻辑运算、定时、计数、移位以及自诊断、监控等基本功能，还可有少量模拟量输入/输出、算术运算、数据传送和比较、通信等功能。

（2）中档 PLC：除了具有低档 PLC 的功能外，增加模拟量输入/输出、算术运算、数据传送和比较、数制转换、远程 I/O、子程序、通信联网等功能；有些还增设了中断、PID 控制等功能。

（3）高档 PLC：除具有中档机的功能外，还增加了带符号算术运算、矩阵运算、位逻辑运算、平方根运算及其他特殊功能函数运算、制表及表格传送等。高档 PLC 机具有更强的通信联网功能，可用于大规模过程控制或构成分布式网络控制系统，实现工厂自动化。

3）按 I/O 点数分类

根据 PLC 的 I/O 点数的多少，可将 PLC 分为小型、中型和大型三类。

（1）小型 PLC。I/O 点数小于 256 点的为小型 PLC。其中，I/O 点数小于 64 点的为超小型或微型 PLC。

（2）中型 PLC。I/O 点数为 256 点以上、2048 点以下的为中型 PLC。

（3）大型 PLC。I/O 点数大于 2048 点的为大型 PLC。其中，I/O 点数超过 8192 点的为超大型 PLC。

在实际中，一般 PLC 功能的强弱与其 I/O 点数的多少是相互关联的，即 PLC 的功能越强，其可配置的 I/O 点数越多。因此，通常所说的小型、中型、大型 PLC，除指其 I/O 点数不同外，同时也表示其对应功能为低档、中档、高档。

（二）PLC 的基本组成

PLC 是微机技术和控制技术相结合的产物，是一种以微处理器为核心的用于控制的特殊计算机，因此 PLC 的基本组成与一般的微机系统类似。

1. PLC 的硬件组成

PLC 的硬件主要由中央处理器（CPU）、存储器、输入单元、输出单元、通信接口、扩展接口电源等部分组成。其中，CPU 是 PLC 的核心，输入单元与输出单元是连接现场输入/输出设备与 CPU 之间的接口电路，通信接口用于与编程器、上位计算机等外设连接。

对于整体式 PLC，所有部件都装在同一机壳内，其组成框图如图 1-1-1 所示；对于模块式 PLC，各部件独立封装成模块，各模块通过总线连接，安装在机架或导轨上。无论是哪种结构类型的 PLC，都可根据用户需要进行配置与组合。

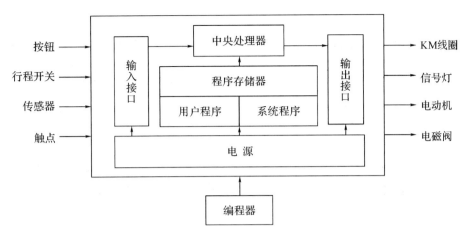

图 1-1-1 整体式 PLC 组成框图

尽管整体式与模块式 PLC 的结构不太一样，但各部分的功能作用是相同的，下面对 PLC 主要组成的各部分进行简单介绍。

1）中央处理单元（CPU）

同一般的微机一样，CPU 是 PLC 的核心。PLC 中所配置的 CPU 随机型不同而不同，常用的有三类：通用微处理器（如 Z80、8086、80286 等）、单片微处理器（如 8031、8096 等）或位片式微处理器（如 AMD29W 等）。小型 PLC 大多采用 8 位通用微处理器或单片微处理器；中型 PLC 大多采用 16 位通用微处理器或单片微处理器；大型 PLC 大多采用高速位片式微处理器。

目前，小型 PLC 为单 CPU 系统，而中、大型 PLC 则大多为双 CPU 系统，甚至有些 PLC 中 CPU 多达 8 个。对于双 CPU 系统，一般一个 CPU 为字处理器，通常采用 8 位或 16 位处理器；另一个 CPU 为位处理器，采用由各厂家设计制造的专用芯片。字处理器为主处理器，用于执行编程器接口功能、监视内部定时器、监视扫描时间、处理字节指令以及对系统总线和位处理器进行控制等。位处理器为从处理器，主要用于处理位操作指令和实现 PLC 编程语言向机器语言的转换。位处理器的采用，提高了 PLC 的速度，使 PLC 可以更好地满足实时控制的要求。

在 PLC 中 CPU 按系统程序赋予的功能，指挥 PLC 有条不紊地进行工作，具体内容归纳起来主要有以下几个方面：

① 接收从编程器输入的用户程序和数据。

② 诊断电源、PLC 内部电路的工作故障和编程中的语法错误等。

③ 通过输入接口接收现场的状态或数据，并存入输入映像寄存器或数据寄存器中。

④ 从存储器逐条读取用户程序，经过解释后执行。

⑤ 根据执行的结果，更新有关标志位的状态和输出映像寄存器的内容，通过输出单元实现输出控制。有些 PLC 还具有制表打印或数据通信等功能。

2）存储器

存储器主要有两种：一种是可读/写操作的随机存储器 RAM，另一种是只读存储器 ROM、PROM、EPROM 和 EEPROM。在 PLC 中，存储器主要用于存放系统程序、用户程序及工作数据。

系统程序是由 PLC 的制造厂家编写的，和 PLC 的硬件组成有关，完成系统诊断、命令解释、功能子程序调用管理、逻辑运算、通信及各种参数设定等功能，提供 PLC 运行的平台。系统程序关系到 PLC 的性能，而且在 PLC 使用过程中不会变动，所以是由制造厂家直接固化在只读存储器 ROM、PROM 或 EPROM 中的，用户不能访问和修改。

用户程序是随 PLC 的控制对象而定的，由用户根据加工对象生产工艺的控制要求而编制的应用程序。为了便于读出、检查和修改，用户程序一般存于 CMOS 静态 RAM 中，用锂电池作为后备电源，以保证掉电时不会丢失信息。为了防止干扰对 RAM 中程序的破坏，当用户程序运行正常，不需要改变的时候，可将其固化在只读存储器 EPROM 中。目前有许多 PLC 直接采用 EEPROM 作为用户存储器。

工作数据是 PLC 运行过程中经常变化、经常存取的一些数据，存放在 RAM 中，以适应随机存取的要求。在 PLC 的工作数据存储器中，设有存放输入/输出继电器、辅助继电器、定时器、计数器等逻辑器件的存储区，这些器件的状态都是由用户程序的初始设置和运行情况而确定的。根据需要，部分数据在掉电时用后备电池维持其现有的状态，这部分在掉电时可保存数据的存储区域称为保持数据区。

由于系统程序及工作数据与用户无直接联系，所以在 PLC 产品样本或使用手册中所列存储器的形式及容量是指用户程序存储器。当 PLC 提供的用户存储器容量不够用时，许多 PLC 还提供有存储器扩展功能。

3）输入/输出单元

输入/输出单元通常也称 I/O 单元或 I/O 模块，是 PLC 与工业生产现场之间的连接部件。PLC 通过输入接口可以检测被控对象的各种数据，以这些数据作为 PLC 对被控制对象进行控制的依据；同时 PLC 又通过输出接口将处理结果送给被控制对象，以实现控制目的。

由于外部输入设备和输出设备所需的信号电平是多种多样的，而 PLC 内部 CPU 处理的信息只能是标准电平，所以 I/O 接口要实现这种转换。I/O 接口一般都具有光电隔离和滤波功能，以提高 PLC 的抗干扰能力。此外，I/O 接口上通常还有状态指示灯，观察工作状况直观，便于维护。

PLC 提供了多种操作电平和驱动能力及各种各样功能的 I/O 接口供用户选用。I/O 接口的主要类型有：数字量(开关量)输入、数字量(开关量)输出、模拟量输入、模拟量输出等。

常用的开关量输入接口的基本原理电路如图 1-1-2 所示。

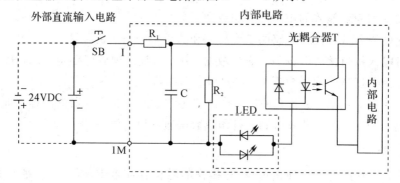

图 1-1-2 开关量输入接口基本原理电路

常用的开关量输出接口按输出开关器件不同有三种类型：继电器输出、晶体管输出和双向晶闸管输出，其基本原理电路如图 1-1-3 所示。继电器输出接口可驱动交流或直流负载，但其响应时间长，动作频率低；晶体管输出和双向晶闸管输出接口的响应速度快，动作频率高，但前者只能用于驱动直流负载，后者只能用于交流负载。

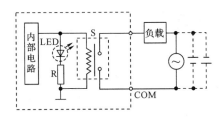

（a）继电器输出

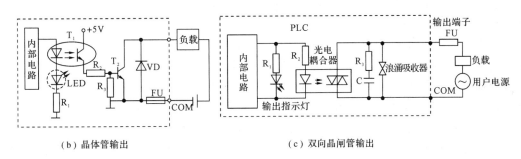

（b）晶体管输出　　　　　　　　　　（c）双向晶闸管输出

图 1-1-3　开关量输出接口

PLC 的 I/O 接口所能接受的输入信号个数和输出信号个数称为 PLC 输入/输出（I/O）点数。I/O 点数是选择 PLC 的重要依据之一。当系统的 I/O 点数不够时，可通过 PLC 的 I/O 扩展接口对系统进行扩展。

4）通信接口

PLC 配有各种通信接口，这些通信接口一般都带有通信处理器。PLC 通过这些通信接口可与监视器、打印机、其他 PLC 及计算机等设备实现通信。PLC 与打印机连接，可将过程信息、系统参数等输出打印；与监视器连接，可将控制过程图像显示出来；与其他 PLC 连接，可组成多机系统或连成网络，实现更大规模控制；与计算机连接，可组成多级分布式控制系统，实现控制与管理相结合。

远程 I/O 系统也必须配备相应的通信接口模块。

5）智能接口模块

智能接口模块是一个独立的计算机系统，它有自己的 CPU、系统程序、存储器以及与 PLC 系统总线相连的接口。它作为 PLC 系统的一个模块，通过总线与 PLC 相连，进行数据交换，并在 PLC 的协调管理下独立地进行工作。

PLC 的智能接口模块种类很多，如高速计数模块、闭环控制模块、运动控制模块、中断控制模块等。

6）编程装置

编程装置的作用是编辑、调试、输入用户程序，也可在线监控 PLC 内部状态和参数，与 PLC 进行人机对话，它是开发、应用、维护 PLC 不可缺少的工具。编程装置可以是专用编程器，也可以是配有专用编程软件包的通用计算机系统。专用编程器是由某一 PLC 厂家生产，专供该厂家生产的某些 PLC 产品使用的编程装置，它主要由键盘、显示器和外存储器接口等部件组成。专用编程器有简易编程器和智能编程器两类。

简易型编程器只能联机编程，而且不能直接输入和编辑梯形图程序，需将梯形图程序转化为指令表程序才能输入。简易编程器体积小、价格便宜，可以直接插在 PLC 的编程插座上，或者用专用电缆与 PLC 相连，以方便编程和调试。有些简易编程器带有存储盒，可用来储存用户程序，如三菱的 FX－20P－E 简易编程器。

智能编程器又称图形编程器，本质上它是一台专用便携式计算机，如三菱的 GP－80FX－E 智能型编程器。它既可联机编程，又可脱机编程，还可直接输入和编辑梯形图程序，使用更加直观、方便，但价格较高，操作也比较复杂。大多数智能编程器带有磁盘驱动器，提供录音机接口和打印机接口。

专用编程器只能对指定厂家的几种 PLC 进行编程，使用范围有限，价格较高。同时，由于 PLC 产品不断更新换代，所以专用编程器的生命周期也十分有限。因此，现在的趋势是使用以个人计算机为基础的编程装置，用户只需购买 PLC 厂家提供的编程软件和相应的硬件接口装置。这样，用户只用较少的投资即可得到高性能的 PLC 程序开发系统。

基于个人计算机的程序开发系统功能强大。它既可以编制、修改 PLC 的梯形图程序，又可以监视系统运行、打印文件、进行系统仿真等；配上相应的软件，该系统还可实现数据采集和分析等许多功能。

7）电源

PLC 配有开关电源，以供内部电路使用。与普通电源相比，PLC 电源的稳定性好，抗干扰能力强，对电网提供的电源稳定度要求不高，一般允许电源电压在其额定值 $\pm15\%$ 的范围内波动。许多 PLC 还向外提供 24 V 直流稳压电源，用于对外部传感器供电。

8）其他外部设备

除了以上所述的部件和设备外，PLC 还有许多外部设备，如 EPROM 写入器、外存储器、人—机接口装置等。

EPROM 写入器是用来将用户程序固化到 EPROM 存储器中的一种 PLC 外部设备。为了保证调试好的用户程序不易丢失，经常用 EPROM 写入器将 PLC 内 RAM 中的用户程序保存到 EPROM 上。

PLC 内部的半导体存储器称为内存储器。有时可用外部的磁带、磁盘和用半导体存储器做成的存储盒等来存储 PLC 的用户程序，这些存储器件称为外存储器。外存储器一般是通过编程器或其他智能模块提供的接口实现与内存储器之间相互传送用户程序的。

人—机接口装置是用来实现操作人员与 PLC 控制系统的对话的。最简单、最普遍的人—机接口装置由安装在控制台上的按钮、转换开关、拨码开关、指示灯、LED 显示器、声光报警器等器件构成。对于 PLC 系统，还可采用半智能型 CRT 人—机接口装置和智能型终端人—机接口装置。半智能型 CRT 人—机接口装置可长期安装在控制台上，通过通信接口接收来自 PLC 的信息并在 CRT 上显示出来。而智能型终端人—机接口装置有自己的微处理器和存储器，能够与操作人员快速交换信息，并通过通信接口与 PLC 相连，也可作为独立的节点接入 PLC 网络。

2. PLC 的编程语言

PLC 的程序由系统程序和用户程序组成。

系统程序由 PLC 制造厂商设计编写，并存入 PLC 的系统存储器中，用户不能直接读写或更改。系统程序一般包括系统诊断程序、输入处理程序、编译程序、信息传送程序和监控程序等。

PLC 的用户程序是用户利用 PLC 的编程语言，根据控制要求编写的程序。在 PLC 的应用中，最重要的是用 PLC 的编程语言来编写用户程序，以实现控制目的。由于 PLC 是专门为工业控制而开发的装置，其主要使用者是广大电气技术人员，为了满足他们的传统习惯和掌握能力，PLC 的主要编程语言采用比计算机语言相对简单、易懂、形象的专用语言。

PLC 编程语言是多种多样的，不同生产厂家、不同系列的 PLC 产品采用的编程语言的表达方式也不相同，但基本上可归纳为两种类型：一是采用字符表达方式的编程语言，如语句表等；二是采用图形符号表达方式的编程语言，如梯形图等。

以下简要介绍几种常见的 PLC 编程语言。

1) 梯形图语言

梯形图语言是在传统电气控制系统中常用的接触器、继电器等图形表达符号的基础上演变而来的。它与电气控制线路图相似，继承了传统电气控制逻辑中使用的框架结构、逻辑运算方式和输入输出形式，具有形象、直观、实用的特点。因此，这种编程语言为广大电气技术人员所熟知，是应用最广泛的 PLC 编程语言，是 PLC 的第一编程语言。

如图 1-1-4 所示是传统的电气控制线路图和 PLC 梯形图。

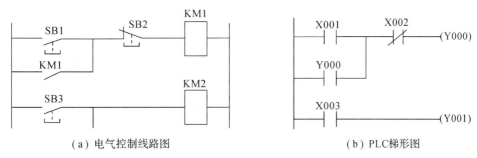

(a) 电气控制线路图   (b) PLC 梯形图

图 1-1-4 电气控制线路图与梯形图

从图中可以看出，两种图基本表示思想是一致的，具体表达方式有一定区别。PLC 的梯形图使用的内部继电器、定时/计数器等，都是由软件来实现的，使用方便、修改灵活，是原电气控制线路硬接线方法无法比拟的。

2) 语句表语言

这种编程语言是一种与汇编语言类似的助记符编程表达方式。在 PLC 应用中，经常采用简易编程器，而这种编程器中没有 CRT 屏幕或较大的液晶屏幕显示。因此，就需要用一系列 PLC 操作命令组成的语句表将梯形图描述出来，再通过简易编程器输入到 PLC 中。虽然各个 PLC 生产厂家的语句表的形式不尽相同，但基本功能相差无几。以下是与图 1-1-4 中梯形图对应的(FX 系列 PLC)语句表程序：

步序号	操作码	操作数
0	LD	X1
1	OR	Y0
2	ANI	X2
3	OUT	Y0
4	LD	X3
5	OUT	Y1

可以看出，语句是语句表程序的基本单元，每个语句和微机一样也由地址（步序号）、操作码（指令）和操作数（数据）三部分组成。

3）逻辑图语言

逻辑图是一种类似于数字逻辑电路结构的编程语言，由与门、或门、非门、定时器、计数器及触发器等逻辑符号组成，有数字电路基础的电气技术人员较容易掌握逻辑图。逻辑图语言编程如图1-1-5所示。

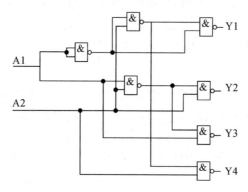

图1-1-5　逻辑图语言编程

4）功能表图语言

功能表图语言（SFC语言）是一种较新的编程方法，又称状态转移图语言。它将一个完整的控制过程分为若干阶段，各阶段具有不同的动作，阶段间有一定的转换条件，转换条件满足就实现阶段转移，上一阶段动作结束，下一阶段动作开始。功能表图语言是用功能表图的方式来表达一个控制过程的，对于顺序控制系统特别适用。

5）高级语言

随着PLC技术的发展，以上编程语言已经无法很好地满足增强PLC的运算、数据处理及通信等功能的要求。近年来推出的PLC，尤其是大型PLC，都可用高级语言进行编程。采用高级语言后，用户可以像使用普通微型计算机一样操作PLC，使PLC的各种功能得到更好的发挥。

（三）PLC的工作原理

1. 扫描工作原理

PLC是通过执行反映控制要求的用户程序来完成控制任务的，完成一个控制任务需要执行众多的操作，但CPU不可能同时去执行多个操作，它只能按分时操作（串行工作）的方式，每一次执行一个操作，按顺序逐个执行。由于CPU的运算处理速度极快，所以从宏观上来看，PLC 外部出现的结果似乎是同时（并行）完成的。这种串行工作过程称为 PLC 的扫描工作方式。

用扫描工作方式执行用户程序时，扫描从第一条程序开始，在无中断或跳转控制的情况下，按程序存储的先后顺序，逐条执行用户程序，直到程序结束。然后再从头开始扫描执行，周而复始重复运行。

PLC 的扫描工作方式与电气控制的工作原理明显不同。电气控制装置采用硬逻辑的并行工作方式，如果某个继电器的线圈通电或断电，那么该继电器的所有常开和常闭触点不论处在控制线路的哪个位置上，都会立即同时动作；而 PLC 采用扫描工作方式（串行工作方式），如果某个软继电器的线圈被接通或断开，其所有的触点不会立即动作，必须等扫描到该触点时才会动作。但由于 PLC 的扫描速度快，通常 PLC 与电气控制装置在 I/O 的处理结果上并没有什么差别。

2. PLC 扫描工作过程

除了执行用户程序外，在 PLC 的每次扫描工作过程中还要完成内部处理、通信服务工作。如图 1-1-6 所示，整个扫描工作过程包括内部处理、通信服务、输入采样、程序执行及输出刷新五个阶段。整个过程扫描执行一遍所需的时间称为扫描周期，扫描周期与 CPU 运行速度、PLC 硬件配置及用户程序长短有关，典型值为 1～100 ms。

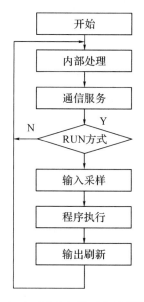

图 1-1-6 PLC 扫描工作过程示意图

在内部处理阶段，PLC 进行自检，检查内部硬件是否正常，对监视定时器（WDT）复位以及完成其他一些内部处理工作。

在通信服务阶段，PLC 与其他智能装置实现通信，响应编程器键入的命令，更新编程器的显示内容等。

当 PLC 处于停止（STOP）状态时，只完成内部处理和通信服务工作。当 PLC 处于运行（RUN）状态时，除完成内部处理和通信服务工作外，还要完成输入采样、程序执行、输出刷新工作。

PLC的扫描工作方式简单直观，便于进行程序设计，并为程序的可靠运行提供了保障。当PLC扫描到的指令被执行后，其结果马上就被后面将要扫描到的指令所利用，而且还以可通过CPU内部设置的监视定时器来监视每次扫描是否超过规定时间，避免由于CPU内部故障使程序执行进入死循环。

3. PLC执行程序的过程及特点

PLC执行程序的过程分为三个阶段，即输入采样阶段、程序执行阶段、输出刷新阶段，如图1-1-7所示。

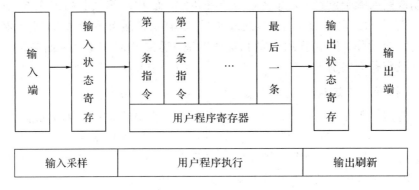

图1-1-7　PLC执行程序过程示意图

1）输入采样阶段

在输入采样阶段，PLC以扫描工作方式按顺序对所有输入端的输入状态进行采样，并存入输入映像寄存器中，此时输入映像寄存器被刷新。接着进入程序处理阶段，在程序执行阶段或其他阶段，即使输入状态发生变化，输入映像寄存器的内容也不会改变，输入状态的变化只有在下一个扫描周期的输入处理阶段才能被采样到。

2）程序执行阶段

在程序执行阶段，PLC对程序按顺序进行扫描执行。若程序用梯形图来表示，则总是按先上后下、先左后右的顺序进行。当遇到程序跳转指令时，则根据跳转条件是否满足来决定程序是否跳转。当指令中涉及输入、输出状态时，PLC从输入映像寄存器和元件映像寄存器中读出，根据用户程序进行运算，运算的结果再存入元件映像寄存器中。对于元件映像寄存器来说，其内容会随程序执行的过程而变化。

3）输出刷新阶段

当所有程序执行完毕后，进入输出刷新阶段。在这一阶段里，PLC将输出映像寄存器中与输出有关的状态（输出继电器状态）转存到输出锁存器中，并通过一定方式输出，驱动外部负载。

因此，PLC在一个扫描周期内，对输入状态的采样只在输入采样阶段进行。当PLC进入程序执行阶段后输入端将被封锁，直到下一个扫描周期的输入采样阶段才对输入状态进行重新采样。这种方式称为集中采样，即在一个扫描周期内，集中一段时间对输入状态进行采样。

在用户程序中如果对输出结果多次赋值，则最后一次赋值有效。在一个扫描周期内，只在输出刷新阶段才将输出状态从输出映像寄存器中输出，对输出接口进行刷新。在其他阶段里输出状态一直保存在输出映像寄存器中。这种方式称为集中输出。

对于小型 PLC，其 I/O 点数较少，用户程序较短，一般采用集中采样、集中输出的工作方式，这种方式虽然在一定程度上降低了系统的响应速度，但可使 PLC 工作时大多数时间与外部输入/输出设备隔离，从根本上提高了系统的抗干扰能力，增强了系统的可靠性。

而对于大中型 PLC，其 I/O 点数较多，控制功能强，用户程序较长，为提高系统响应速度，可以采用定期采样、定期输出方式，或采用中断输入、输出方式以及采用智能 I/O 接口等多种方式。

从上述分析可知，从 PLC 的输入端的输入信号发生变化到 PLC 输出端对该输入变化作出反应，需要一段时间，这种现象称为 PLC 输入/输出响应滞后。对于一般的工业控制，这种滞后是完全允许的。应该注意的是，这种响应滞后不仅是由于 PLC 扫描工作方式所造成的，更主要的是由 PLC 输入接口的滤波环节带来的输入延迟，以及输出接口中驱动器件的动作时间带来的输出延迟所造成的，同时还与程序设计有关。滞后时间是设计 PLC 应用系统时应注意把握的一个参数。

四、知识拓展

1. PLC 的性能指标与发展趋势

1）存储容量

存储容量是指用户程序存储器的容量。用户程序存储器的容量越大，可以编写出的程序越复杂。一般来说，小型 PLC 的用户存储器容量为几千字节，而大型机的用户存储器容量为几万字节。

2）I/O 点数

输入/输出（I/O）点数是 PLC 可以接受的输入信号和输出信号的总和，是衡量 PLC 性能的重要指标。I/O 点数越多，外部可接的输入设备和输出设备就越多，控制规模就越大。

3）扫描速度

扫描速度是指 PLC 执行用户程序的速度，是衡量 PLC 性能的重要指标。一般以扫描 1 KB 用户程序所需的时间来衡量扫描速度，通常以 ms/KB 单位。PLC 用户手册一般会给出执行各条指令所用的时间，可以通过比较各种 PLC 执行相同的操作所用的时间，来衡量扫描速度的快慢。

4）指令的功能与数量

指令功能的强弱、数量的多少也是衡量 PLC 性能的重要指标。编程指令的功能越强、数量越多，PLC 的处理能力和控制能力也越强，用户编程也就越简单和方便，越容易完成复杂的控制任务。

5）内部元件的种类与数量

在编制 PLC 程序时，需要用到大量的内部元件来存放变量、中间结果、保持数据、定时计数、模块设置和各种标志位等信息。这些元件的种类与数量越多，表示 PLC 存储和处理各种信息的能力越强。

6）特殊功能单元

特殊功能单元种类的多少与功能的强弱是衡量 PLC 产品的一个重要指标。近年来各 PLC 厂商非常重视特殊功能单元的开发，特殊功能单元种类日益增多，功能越来越强，使 PLC 的控制功能日益扩大

7）可扩展能力

PLC 的可扩展能力包括 I/O 点数的扩展、存储容量的扩展、联网功能的扩展及各种功能模块的扩展等。在选择 PLC 时，经常需要考虑 PLC 的可扩展能力。

2. PLC 的发展趋势

1）向高速度、大容量方向发展

为了提高 PLC 的处理能力，要求 PLC 具有更好的响应速度和更大的存储容量。目前，有的 PLC 的扫描速度可达 0.1 ms/KB 左右。PLC 的扫描速度已成为很重要的一个性能指标。

在存储容量方面，有的 PLC 最高可达几十兆字节。为了扩大存储容量，有的公司已使用了磁泡存储器或硬盘存储。

2）向超大型、超小型两个方向发展

当前中小型 PLC 比较多，为了适应市场的多种需要，今后 PLC 要向多品种方向发展，特别是向超大型和超小型两个方向发展。现已有 I/O 点数达 14336 点的超大型 PLC，其采用 32 位微处理器、多 CPU 并行工作和大容量存储器，功能强大。

小型 PLC 由于整体结构向小型模块化结构发展，使配置更加灵活，为了市场需要已开发了各种简易、经济的超小型、微型 PLC，最小配置的 I/O 点数为 8～16 点，以适应单机及小型自动控制的需要，如三菱公司 α 系列 PLC。

3）PLC 大力开发智能模块，加强联网通信能力

为满足各种自动化控制系统的要求，近年来不断开发出许多功能模块，如高速计数模块、温度控制模块、远程 I/O 模块、通信和人机接口模块等。这些带 CPU 和存储器的智能 I/O 模块，既扩展了 PLC 功能，又使用灵活方便，扩大了 PLC 的应用范围。

加强 PLC 联网通信的能力，是 PLC 技术进步的潮流。PLC 的联网通信有两类：一类是 PLC 之间的联网通信，各 PLC 生产厂家都有自己的专有联网手段；另一类是 PLC 与计算机之间的联网通信，一般 PLC 都有专用通信模块与计算机通信。为了加强联网通信能力，PLC 生产厂家之间也在协商制定通用的通信标准，以构成更大的网络系统，PLC 已成为集散控制系统（DCS）不可缺少的重要组成部分。

4）增强外部故障的检测与处理能力

根据统计资料表明：在 PLC 控制系统的故障中，CPU 占 5％，I/O 接口占 15％，输入设备占 45％，输出设备占 30％，线路占 5％。前两项故障属于 PLC 的内部故障，它可通过 PLC 本身的软、硬件实现检测、处理。而其余 80％的故障属于 PLC 的外部故障，PLC 生产厂家都致力于研制、发展用于检测外部故障的专用智能模块，进一步提高系统的可靠性。

5）编程语言多样化

在 PLC 系统结构不断发展的同时，PLC 的编程语言也越来越丰富，功能也不断提高。

除了大多数 PLC 使用的梯形图语言外, 为了适应各种控制要求, 出现了面向顺序控制的步进编程语言、面向过程控制的流程图语言、与计算机兼容的高级语言等。多种编程语言的并存、互补与发展是 PLC 进步的一种趋势。

3. PLC 产品介绍

世界上 PLC 产品可按地域分成三大流派: 第一个流派是美国产品, 第二个流派是欧洲产品, 第三个流派是日本产品。美国和欧洲的 PLC 技术是在相互隔离的情况下独立研究开发的, 因此美国和欧洲的 PLC 产品有明显的差异性。而日本的 PLC 技术是由美国引进的, 对美国的 PLC 产品有一定的继承性, 但日本的主推产品定位在小型 PLC 上, 其小型 PLC 在世界上享有盛名, 而美国和欧洲以大中型 PLC 著称。

1) 美国 PLC 产品

美国是 PLC 生产大国, 有 100 多家 PLC 厂商, 著名的有 A－B 公司、通用电气公司(GE)、莫迪康公司(MODICON)、德州仪器公司(TI)和西屋公司等。其中 A－B 公司是美国最大的 PLC 制造商, 其产品约占美国 PLC 市场份额的一半。

A－B 公司产品规格齐全、种类丰富, 其主推的大、中型 PLC 产品是 PLC－5 系列。该系列为模块式结构, 当 CPU 模块为 PLC－5/10、PLC－5/12、PLC－5/15、PLC－5/25 时, 属于中型 PLC, I/O 点配置范围为 256～1024 点; 当 CPU 模块为 PLC－5/11、PLC－5/20、PLC－5/30、PLC－5/40、PLC－5/60、PLC－5/40L、PLC－5/60L 时, 属于大型 PLC, I/O 点最多可配置到 3072 点, 该系列中 PLC－5/250 功能最强, 最多可配置到 4096 个 I/O 点, 具有强大的控制和信息管理功能。大型 PLC－3 最多可配置到 8096 个 I/O 点。A－B 公司的小型 PLC 产品有 SLC500 系列等。

GE 公司的代表产品是: 小型 GE－1、GE－1/J、GE－1/P 等, 除 GE－1/J 外, 均采用模块式结构。GE－1 用于开关量控制系统, 最多可配置到 112 个 I/O 点。GE－1/J 是更小型化的产品, 其 I/O 点最多可配置到 96 点。GE－1/P 是 GE－1 的增强型产品, 增加了部分功能指令(数据操作指令)、功能模块(A/D、D/A 等)、远程 I/O 功能等, 其 I/O 点最多可配置到 168 点。中型 GE－Ⅲ比 GE－1/P 增加了中断、故障诊断等功能, 最多可配置到 400 个 I/O 点。大型 GE－Ⅴ比 GE－Ⅲ增加了部分数据处理、表格处理、子程序控制等功能, 并具有较强的通信功能, 最多可配置到 2048 个 I/O 点。而 GE－Ⅵ/P 最多可配置到 4000 个 I/O点。

德州仪器公司(TI)的小型 PLC 新产品有 510、520 和 TI100 系列等, 中型 PLC 新产品有 TI300、5TI 系列等, 大型 PLC 产品有 PM550、530、560、565 系列等。除 TI100 和 TI300 无联网功能外, 其他 PLC 都可实现通信, 构成分布式控制系统。

莫迪康公司(MODICON)有 M84 系列 PLC。其中 M84 是小型机, 具有模拟量控制、与上位机通信等功能, 最多可配置 I/O 点为 112 点。M484 是中型机, 其运算功能较强, 可与上位机通信, 也可与多台机器联网, 最多可扩展 I/O 点为 512 点。M584 是大型机, 其容量大、数据处理和网络能力强, 最多可扩展 I/O 点为 8192 点。M884 为增强型中型机, 它具有小型机的结构、大型机的控制功能, 主机模块配置 2 个 RS－232C 接口, 可方便地进行组网通信。

2) 欧洲 PLC 产品

德国的西门子公司(SIEMENS)、AEG 公司及法国的 TE 公司是欧洲著名的 PLC 制造商。德国西门子的电子产品以性能精良而久负盛名。在中、大型PLC产品领域与美国的A-B公司齐名。

西门子PLC主要产品是S5、S7系列。在S5系列中，S5-90U、S5-95U属于微型整体式PLC；S5-100U是小型模块式PLC，最多可配置到256个I/O点；S5-115U是中型PLC，最多可配置到1024个I/O点；S5-115UH是中型机，它是由两台SS-115U组成的双机冗余系统；S5-155U为大型机，最多可配置到4096个I/O点，模拟量可达300多路；SS-155H是大型机，它是由两台S5-155U组成的双机冗余系统。而S7系列是西门子公司近年来在S5系列PLC基础上推出的新产品，其性能价格比高，其中S7-200系列属于微型PLC，S7-300系列属于中小型PLC，S7-400系列属于中高性能的大型PLC。

3）日本PLC产品

日本的小型PLC最具特色，在小型机领域中颇具盛名，某些用欧美的中型机或大型机才能实现的控制，日本的小型机就可以解决。日本在开发较复杂的控制系统方面明显优于欧美的小型机，所以格外受用户欢迎。日本有许多PLC制造商，如三菱、欧姆龙、松下、富士、日立、东芝等。在世界小型PLC市场上，日本产品约占有70%的份额。

三菱公司的PLC是较早进入中国市场的产品。其小型机F_1/F_2系列是F系列的升级产品，早期在我国的销量也不小。F_1/F_2系列加强了指令系统，增加了特殊功能单元和通信功能，比F系列有了更强的控制能力。继F_1/F_2系列之后，20世纪80年代末三菱公司又推出FX系列，在容量、速度、特殊功能、网络功能等方面都有了全面的加强。FX_2系列是在20世纪90年代开发的整体式高功能小型机，它配有各种通信适配器和特殊功能单元。FX_{2N}是近些年推出的高功能整体式小型机，它是FX_2的换代产品，各种功能都有了全面的提升。三菱公司近年来还不断推出满足不同要求的微型PLC，如FX_{0S}、FX_{1S}、FX_{0N}、FX_{1N}及α系列等产品。

三菱公司的大中型机有A系列、QnA系列、Q系列，它们均具有丰富的网络功能，I/O点数可达8192点。其中Q系列具有超小的体积、丰富的机型、灵活的安装方式、双CPU协同处理、多存储器、远程口令等特点，是三菱公司现有PLC系列中最高性能的PLC系列之一。

欧姆龙（OMRON）公司的PLC产品，大、中、小、微型规格齐全。微型机以SP系列为代表，其体积极小，速度极快。小型机有P型、H型、CPM1A系列、CPM2A系列、CPM2C、CQM1等。P型机现已被性价比更高的CPM1A系列所取代，CPM2A/2C、CQM1系列内置RS-232C接口和实时时钟，并具有软PID功能，CQM1H是CQM1的升级产品。中型机有C200H、C200HS、C200HX、C200HG、C200HE、CS1系列。C200H是前些年畅销的高性能中型机，有配置齐全的I/O模块和高功能模块，具有较强的通信和网络功能。C200HS是C200H的升级产品，指令系统更丰富、网络功能更强。C200HX/HG/HE是C200HS的升级产品，有1148个I/O点，其容量是C200HS的2倍，速度是C200HS的3.75倍，有品种齐全的通信模块，是适应信息化需求的PLC产品。CS1系列具有中型机的规模、大型机的功能，是一种极具推广价值的新机型。大型机有C1000H、C2000H、CV（CV500/CV1000/CV2000/CVM1）等。C1000H、C2000H可单机或双机热备运行，安装带电插拔模块，C2000H可在线更换I/O模块；CV系列中除CVM1外，均可采用结构化编程，易读、易调试，并具有更强大的通信功能。

松下公司的 PLC 产品中，FP0 为微型机，FP1 为整体式小型机，FP3 为中型机，FP5/FP10、FP10S(FP10 的改进型)、FP20 为大型机，其中 FP20 是最新产品。松下公司近几年 PLC 产品的主要特点是：指令系统功能强；有的机型还提供可以用 FP‑BASIC 语言编程的 CPU 及多种智能模块，为复杂系统的开发提供了软件手段；FP 系列各种 PLC 都配置通信机制，由于它们使用的应用层通信协议具有一致性，这给构成多级 PLC 网络和开发 PLC 网络应用程序带来方便。

五、巩固与提高

(1) 什么是 PLC？它与电气控制、微机控制相比主要优点是什么？

(2) PLC 的硬件由哪几部分组成？各有什么作用？PLC 主要有哪些外部设备？各有什么作用？

(3) PLC 主要的编程语言有哪几种？各有什么特点？

(4) PLC 开关量输出接口按输出开关器件的种类不同划分，有哪几种形式？各有什么特点？

(5) PLC 采用什么样的工作方式工作？有何特点？

(6) 什么是 PLC 的扫描周期？其扫描过程分为哪几个阶段？各阶段完成什么任务？

(7) PLC 是如何分类的？按结构形式不同，PLC 可分为哪几类？各有什么特点？

(8) PLC 有什么特点？为什么 PLC 具有高可靠性？

第二单元 三菱 FX₃ᵤ 系列 PLC 的硬件资源

一、学习目标

★知识目标

(1) 了解三菱 FX₃ᵤ 系列 PLC 的硬件组成。

(2) 理解 FX 系列 PLC 的型号命名方法。

(3) 熟悉 FX₃ᵤ 系列 PLC 基本单元组成和 LED 指示灯的含义。

(4) 掌握 FX₃ᵤPLC 编程软件的功能、特点和使用方法。

★能力目标

(1) 通过本单元的学习，能根据 PLC 的型号，判断出 PLC 的 I/O 点数、电源类型等参数。

(2) 能够根据 PLC 指示灯的状态，确定 PLC 的运行状态。

(3) 能够按照程序的要求，选用合适的编程软件。

二、任务导入

在第十届广州中国国际工业控制自动化及仪器仪表展览会(CHIFA)上，三菱电机联合其代理商宏丰益公司在最突出位置展示了三菱公司的产品 FX₃ᵤ，作为 FX 系列的最新杰作，具有更丰富的扩展性，使其超越了微型控制器的技术瓶颈，FX₃ᵤ 系列 PLC 实物如图 1-2-1 所示。

FX₃ᵤ 的特点如下：

(1) I/O 点数更多。主机控制的 I/O 点数可达 256 点，其最大 I/O 点数可以达到 384 点。

(2) 编程功能更强。强化了应用指令，内部继电器达到 7680 点、状态继电器达到 4096 点、定时器达到

图 1-2-1 FX₃ᵤ 系列 PLC 实物图

512 点。FX₃ᵤ 系列 PLC 编程软件需要 GX Developer，目前最新版为 V8.52。

(3) 速度更快，存储器容量更大。指令的执行速度快，基本指令只需 0.065 μs/指令，应用指令为 0.642 μs/指令。用户程序存储器的容量可达 64 KB，并可以采用闪存卡。

(4) 通信功能更强。内置的编程口可以达到 115.2 kbps 的高速通信，最多可以同时使用 3 个通信口。增加了 RS-422 标准接口与网络链接的通信模块，以适合网络链接的需要。

（5）高速计数与定位控制。内置 6 点 100 kHz 的高速计数功能，双相计数时可以进行 4 倍频计数。晶体管输出型的基本单元内置了 3 轴独立最高 100 kHz 的定位功能，并且增加了新的定位指令。

（6）多种特殊适配器。新增了高速输入/输出、模拟量输入/输出、温度输入适配器（不占用系统点数），提高了高速计数和定位控制的速度，可选装高性能显示模块（FX$_{3U}$-7DM）。

本单元将带大家揭开 FX$_{3U}$ 系列 PLC 的神秘面纱。

三、相关知识

1. FX$_{3U}$ PLC 硬件配置

FX$_{3U}$ PLC 硬件配置如表 1-2-1 所示。

表 1-2-1　FX$_{3U}$ PLC 硬件配置表

种　类	内　容	连　接　内　容
基本单元	内置有 CPU、电源、输入输出、程序内存的可编程控制器主机	可连接各种扩展设备
扩展单元	内置电源的输入输出扩展，附带连接电缆	输入输出的最大扩展点数为 256 点（特殊扩展：最多 8 台），与 CC-Link 远程 I/O 的合计最大为 384 点。关于扩展台数的详细内容，请参考后述的机型选择
扩展模块	从基本、扩展单元获得电源供给的输入输出扩展，内置连接电缆	
扩展电源单元	AC 电源型基本单元的内置电源不足时，扩展电源	可以给输出扩展模块或者特殊功能模块供给电源
特殊单元	内置电源的特殊控制用扩展，附带连接电缆	输入输出的最大扩展点数为 256 点（特殊扩展：最多 8 台），与 CC-Link 远程 I/O 的合计最大为 384 点。关于扩展台数的详细内容，请参考后述的机型选择
特殊模块	从基本、扩展单元获得电源供给的特殊控制用扩展，内置连接电缆	
功能扩展板	可内置于可编程控制器中的，用于功能扩展的设备，不占用输入输出点数	可安装 1 块功能扩展板，可与特殊适配器合用
特殊适配器	从基本单元获得电源供给的特殊控制用扩展，内置连接用接头	连接高速输入用、高速输出用的特殊适配器时，不需要功能扩展板；但是与通信用及模拟量用的特殊适配器合用时，需要功能扩展板
存储器盒	闪存：最大 16000 步/64000 步（带程序传输功能/不带程序传输功能）	可内置 1 台
显示模块	可安装于可编程控制器中进行数据的显示和设定	可内置 1 台 FX$_{3U}$-7dm 型显示模块

FX系列PLC是由基本单元、扩展单元及特殊功能单元构成的。基本单元包括CPU、存储器、I/O和电源，是PLC的主要部分；扩展单元是扩展I/O点数的装置，内部有电源；扩展模块用于增加I/O点数和改变I/O点数的比例，内部无电源，由基本单元和扩展单元供给。扩展单元和扩展模块内无CPU，必须与基本单元一起使用。特殊功能单元是一些特殊用途的装置。

FX₃ᵤ系列PLC的硬件包括基本单元、扩展单元、扩展模块、模拟量输入输出模块、各种特殊功能单元和模块及外部设备等。

特殊功能单元和模块主要是指扩展适配器、脉冲输出单元、模拟量输入模块、模拟量输出模块及一些接口模块等。

FX₃ᵤ系列PLC基本单元可以单独使用，或者通过选用扩展单元、扩展模块，使输入、输出点数可在16点到256点范围内变化。各单元间采用叠装式连接。根据它们与基本单元的距离，对每个模块按0～7的顺序编号，最多可连接8个特殊功能模块。

系统扩展时，基本上在同一排水平方向进行配置，如果空间不够，可选用扩展单元的加长电缆，以便分成上下两排进行配置。输入输出地址号时，各自由基本单元用八进制值按次序编号。模块连接如图1-2-2所示。

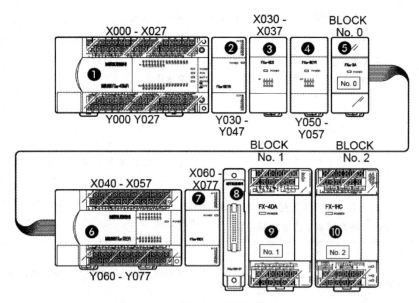

图1-2-2　模块连接

2. FX系列PLC型号命名方法

FX系列的PLC基本单元和扩展单元的型号由字母和数字组成，其格式如图1-2-3所示。

图1-2-3　FX系列PLC型号命名格式

图1-2-3中①～⑤各框的含义说明如下：

① 系列的名称：如 0N、1S、1N、2N、3U。

② I/O 总点数：4～256。

③ 单元类型：M 为基本单元，EX 为输入扩展模块，EY 为输出扩展模块，E 为输入/输出混合扩展单元或扩展模块。

④ 输出形式：R 为继电器输出，S 为双向晶闸管输出，T 为晶体管输出。

⑤ 适用类型或特殊品种，常用的几种如：

- D、DS：DC 24 V 电源。
- DSS：DC 24 V 电源，源型晶体管输出。
- ES：AC 电源。
- ESS：AC 电源，源型晶体管输出。
- A1：AC 电源，AC 输入（AC100～120 V）或 AC 输入模块。
- 无标记：AC 电源，DC 输入，横式端子排。
- /UL：符合 UL 认证。

表 1－2－2 为三菱 FX 系列 PLC 型号命名举例。

表 1－2－2　FX 系列 PLC 型号命名举例

型　号	说　明
FX₃ᵤ－48MR－DS	FX₃ᵤ 系列，I/O 点数为 48 的基本单元，继电器输出，DC 24 V 电源
FX₂ₙ－16MR－ES	FX₂ₙ 系列，I/O 点数为 16 的基本单元，继电器输出，AC 电源
FX－8EYS	FX 系列，I/O 点数为 8 的输出扩展模块，双向晶闸管输出
FX₁ₛ－20MT－ESS/UL	FX₁ₛ 系列，I/O 点数为 20 的基本单元，晶闸管输出，AC 电源，UL 认证

如图 1－2－4 所示，在 PLC 的实物正面和铭牌上可以查找对应的型号。

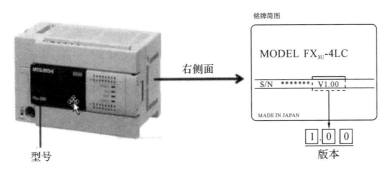

图 1－2－4　PLC 型号查找位置

3. FX₃ᵤ PLC 的基本单元

1）基本单元组成

FX₃ᵤ PLC 的基本单元各部分说明如图 1－2－5 所示。

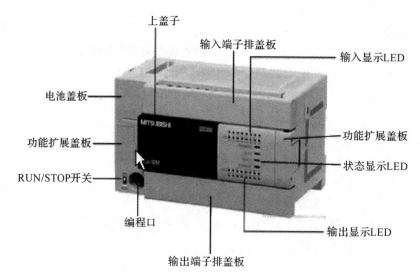

图 1 - 2 - 5　FX₃ᵤPLC 的基本单元各部分说明

2）状态显示含义

FX₃ᵤPLC 共有四个 LED 指示灯，各个指示灯的含义如表 1 - 2 - 3 所示。

表 1 - 2 - 3　FX₃ᵤPLC LED 指示灯含义表

LED 名称	显示颜色	内容	LED 状态	PLC 状态
POWER	绿色	通电状态	灯亮	电源正常
			闪烁	电压过低；接线不正确；PLC 内部异常
			灯灭	电源断开；电源线断开；电压太低
RUN	绿色	运行状态	灯亮	PLC 处于 RUN 模式
			灯灭	PLC 处于 STOP 模式
BATT	红色	电池状态	灯亮	电池电压下降，更换电池
			灯灭	电池电压正常
ERROR	红色	出错状态	灯亮	看门狗定时器出错；PLC 硬件损坏
			闪烁	程序出现语法、参数、回路错误
			灯灭	PLC 运行正常

3）编程口

FX 系列 PLC 编程口是一个标准的 RS - 422 通讯口，可与笔记本电脑和台式机通过不同的通讯线路进行通信，如图 1 - 2 - 6 所示。

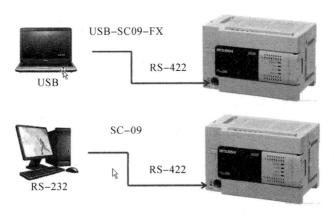

图 1-2-6　FX 系列 PLC 编程口与电脑连接

4. FX 系列 PLC 性能指标

FX 系列 PLC 家族包括 FX$_{1S}$、FX$_{1N}$、FX$_{2N}$、FX$_{3U}$ 等主要产品，性能指标及主要产品的性能比较，见表 1-2-4、表 1-2-5。

表 1-2-4　FX 系列 PLC 的环境指标

环境温度	使用温度 0℃～55℃，储存温度 -20℃～70℃
环境湿度	使用时为 35%～85%RH（无凝露）
防震性能	JISC0911 标准，10～55 Hz，0.5 mm（最大 2 G），3 轴方向各 2 次（但用 DIN 导轨安装时为 0.5 G）
抗冲击性能	JISC0912 标准，10 G，3 轴方向各 3 次
抗噪声能力	用噪声模拟器产生电压为 1000 V（峰-峰值）、脉宽 1 μs、30～100 Hz 的噪声
绝缘耐压	AC 1500 V，1 min（接地端与其他端子间）
绝缘电阻	5 MΩ 以上（DC 500 V 兆欧表测量，接地端与其他端子间电阻）
接地电阻	第三种接地，如接地有困难，可以不接
使用环境	无腐蚀性气体，无尘埃

表 1-2-5　FX 系列 PLC 主要产品的性能比较表

项目	基 本 参 数			
	FX$_{1S}$	FX$_{1N}$	FX$_{2N}$	FX$_{3U}$
最大输入点	16＋4（内置扩展板）	128	184	248
最大输出点	14＋2（内置扩展板）	128	184	248
I/O 点总数	30（34，内置扩展板）	128	256	384（本地 I/O：256）
最大程序存储器容量/步	2000	8000	16 000	64 000

项目		基 本 参 数			
		FX$_{1S}$	FX$_{1N}$	FX$_{2N}$	FX$_{3U}$
基本逻辑指令执行时间/μs		0.7	0.7	0.08	0.065
基本应用指令执行时间/μs		3.7	3.7	1.52	0.642
电源	交流电源输入	AC 85～264 V	AC 85～264 V	AC 85～264 V	AC 85～264 V
	直流电源输入	DC 20.4～26.4 V	DC 10.2～28.5 V	DC 16.8～28.8 V	DC 16.8～28.8 V
基本单元输入	DC 24 V 输入	●	●	●	●
	AC 100 V 输入	—	—	●	—
基本单元输出	继电器输出	●	●	●	●
	晶体管输出	●	●	●	●
	双向晶闸管输出	—	—	●	—
I/O 扩展性能		内置扩展板		扩展单元+扩展模块	
基本单元功能	内置高速计数	6 通道,最高 60 kHz		6 通道,最高 60 kHz	6 通道,最高 100 kHz
	内置高速脉冲输出	2 通道,最高 100 kHz		2 通道,最高 20 kHz	3 通道,最高 100 kHz
	PID 运算	●	●	●	●
	浮点运算	—	—	●	●
	函数运算	—	—	●	●
	简易定位控制	●	●	●	●
	显示器单元	●	●	—	●
特殊功能模块	模拟量 I/O 模块	2 点(内置扩展板)	●	●	●
	温度测量与控制模块	—	—	●	●
	高速计数模块	—	—	●	●
	定位控制模块	—	—	●	●
	网络定位控制模块	—	—	—	●
	角度控制模块	—	—	●	●

续表二

项目		基 本 参 数			
		FX$_{1S}$	FX$_{1N}$	FX$_{2N}$	FX$_{3U}$
网络链接	CC - Link 主站	—	●	●	●
	CC - Link 从站	●	●	●	●
	CC - Link/LT 主站	—	●	●	●
	MELSEC - I/O Link 主站	—	●	●	●
	AS - i 主站	—	●	●	●
	PLC 互联（n：n 链接）	●	●	●	●
	计算机/PLC 的 1：n 链接	●	●	●	●
通信接口	RS - 232 接口与通信	●	●	●	●
	RS - 422 接口与通信	●	●	●	●
	RS - 485 接口与通信	●	●	●	●
	USB 接口与通信	—	—	—	●

注：●为功能可以使用；—为无此功能。

5. 电源及输入输出回路接线

FX 系列 PLC 机器上有两组电源端子，分别完成 PLC 电源的输入和输入回路所用直流电源，如图 1－2－7 所示。L、N 为 PLC 电源端子，FX 系列 PLC 要求输入单相交流电源，

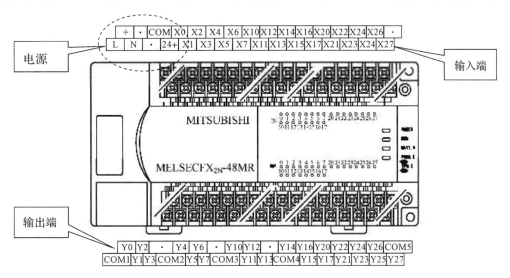

图 1－2－7　电源及输入输出端子

规格为 AC85-264V 50/60 Hz。24+、COM 是机器为输入回路提供的直流 24 V 电源，为减少接线，其正极在机器内已与输入回路连接，当某输入点需加入输入信号时，只需将 COM 通过输入设备接至对应的输入点，一旦 COM 与对应点接通，该点就为"ON"，此时对应输入指示就点亮。机器输入电源还有一接地端子，该端子用于 PLC 的接地保护。

I/O 点的作用是将 I/O 设备与 PLC 进行连接，使 PLC 与现场构成系统，以便从现场通过输入设备（元件）得到信息（输入），或将经过处理后的控制命令通过输出设备（元件）送到现场（输出），从而实现自动控制的目的。

输入回路的连接如图 1-2-8 所示。无源开关或触点（如按钮、转换开关、行程开关、继电器的触点等）输入回路通过 COM 端子连接到对应的输入端子上；开关量传感器接线示意图如图 1-2-8 所示，传感器根据其信号线可以分为两线式、三线式和四线式三种。其中四线式提供一对常开触点和一对常闭触点，实际使用时，只用其中一对触点，或第四根线为传感器校验线，不与 PLC 连接；两线式为信号线和电源线；三线式为电源正、负极和信号线，导线用不同颜色标识。一般常用的传感器多为 NPN 型，其信号线为黑色时是常开型，为白色时是常闭型，棕色线接电源正极，蓝色线接 COM 端。实际应用中，请参考相关技术资料。

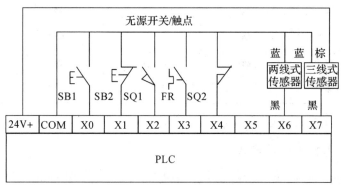

图 1-2-8 输入回路的连接

输出回路就是 PLC 的负载驱动回路。输出回路连接的示意图如图 1-2-9 所示。PLC 仅提供输出点，通过输出点，将负载和负载电源连接成一个回路。这样，负载的状态就由 PLC 的输出点进行控制了，输出点动作，负载得到驱动。负载电源的规格应根据负载的需要和输出点的技术规格进行选择。

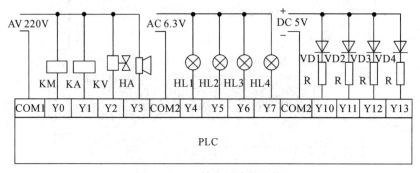

图 1-2-9 输出回路的连接

在实现输出回路时,应注意如下事项:

(1)输出点的共 COM 问题。一般情况下,每个输出点应有两个端子,为了减少输出端子的个数,PLC 在内部将其中的一个输出点采用公共端连接,即将几个输出点的一端连接到一起,形成公共端 COM。FX 系列 PLC 的输出点一般采用每 4 个点共 COM 连接,如图 1 - 2 - 10 所示。在使用时要特别注意,否则可能导致负载不能正确驱动。

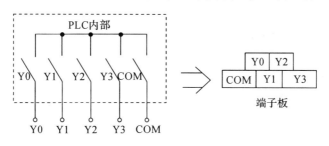

图 1 - 2 - 10　输出点的共 COM 连接

(2)输出点的技术规格。不同的输出类别,有不同的技术规格。我们应根据负载的类别、大小、负载电源的等级、响应时间等选择不同类别的输出形式。

要特别注意负载电源的等级和最大负载的限制,以防止出现负载不能驱动或 PLC 输出点损坏等情况的发生。

(3)多种负载和多种负载电源共存的处理。同一台 PLC 控制的负载,负载电源的类别、电压等级可能不同,在连接负载时(实际上在分配 I/O 点时),应尽量让负载电源不同的负载不使用共 COM 的输出点。若要使用,应注意干扰和短路等问题。

6. FX$_{3U}$ PLC 的编程软元件

1)什么是编程软元件

编程软元件是指 PLC 中可被程序使用的所有功能性器件。可将各个软元件理解为具有不同功能的内存单元,对这些单元的操作,就相当于对内存单元进行读写。由于 PLC 的设计初衷是为了替代继电器、接触器控制,许多名词仍借用了继电器、接触器控制中经常使用的名称,例如"母线"、"继电器"等。

2)编程软元件的分类

常用的编程软元件有:输入继电器 X、输出继电器 Y、辅助继电器 M、状态组件 S、指针 P/I、常数 K/H、定时器 T、计数器 C、数据寄存器 D 和变址寄存器 V/Z。需要和外部进行硬件连接的软元件只有输入和输出继电器,其他软元件只能通过程序加以控制。按照数据类型可以将软元件分为位元件与字元件。

(1)位元件:X、Y、M。

· X:输入继电器,用于输入给 PLC 的物理信号。

· Y:输出继电器,从 PLC 输出的物理信号。

· M:(辅助继电器)和 S(状态继电器):PLC 内部的运算标志。

说明:

① 位单元只有"ON"和"OFF"两种状态,可用"0"和"1"表示。

② 元件可以通过组合使用，4个位元件为一个单元，通用表示方法是由 Kn 加起始的软元件号组成，n 为单元数。

例如 K2 M0 表示 M0～M7 组成两个位元件组（K2 表示 2 个单元），它是一个 8 位数据，M0 为最低位。

（2）字元件：D、T、C、V、Z 等。

· 数据寄存器 D：在数据存储、模拟量检测以及位置控制等场合存储数据的元件。

· 定时器 T：用于存储定时器当前值和设定值。

· 计数器 C：用于存储计数器当前值和设定值。

· 变址寄存器 V，Z：用于修改编程元件地址的元件。

· 数据长度单位：字节（BYTE）、字（WORD）、双字（DOUBLE WORD）。

3）输入继电器（X）

从 PLC 内部来看，一个输入继电器就是一个 1 位的只读存储器，可以无限次读取，其取值只有两种状态：外接开关闭合，则处"ON"状态；外接开关断开，则处"OFF"状态。它有无数的常开与常闭接点，两者都可使用；它在"ON"状态下，其常开接点闭合，常闭接点断开；在"OFF"状态下，则相反。

输入继电器符号是"X"，其地址按八进制编号，FX$_{2N}$ 系列 PLC 的输入继电器 X 的地址范围是 X000～X377，共 256 个。

注意：

（1）输入继电器以八进制编号。FX$_{3U}$ 系列 PLC 带扩展时最多可有 184 点输入继电器（X0～X267）。

（2）输入继电器只能由输入驱动，不能由程序驱动，即输入继电器的状态用程序无法改变。

（3）可以有无数的常开触点和常闭触点。

（4）输入信号（ON、OFF）至少要维持一个扫描周期。

4）输出继电器（Y）

输出继电器外特性相当于一个接触器的主触点，连接到 PLC 的输出端子上供外部负载使用。可以将一个输出继电器当做一个受控的开关，其断开或闭合受到程序的控制。从 PLC 内部来看，一个输出继电器就是一个 1 位的可读/写的存储器单元，可以无限次读取和写入。

输出继电器的初始状态为断开状态。输出继电器符号是"Y"，其地址按八进制编号，FX$_{3U}$ 系列 PLC 的输出继电器 Y 的地址范围是 Y000～Y377，共 256 个。

注意：

（1）输出继电器以八进制编号。FX$_{3U}$ 系列 PLC 带扩展时最多可有 184 点输入继电器（Y000～Y267）。

（2）输出继电器只能程序驱动，不能外部驱动。

（3）输出模块的硬件继电器只有一个常开触点，梯形图中输出继电器的常开触点和常闭触点可以多次使用。

（4）输出继电器是无源的，需要外接电源。

输入继电器与输出继电器的示意图如图 1-2-11 所示。

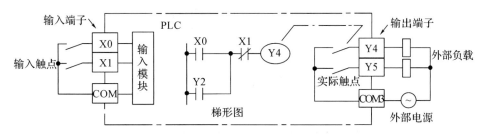

图 1-2-11　输入继电器与输出继电器

5）辅助继电器（M）

辅助继电器的功能相当于中间继电器，可由其他软元件驱动，它也可驱动其他软元件。它没有输出接点，不能驱动外部负载，外部负载只能由输出继电器驱动。

说明： ① 辅助继电器的符号是"M"，其地址按十进制编号。

② 辅助继电器只能驱动程序，不能接收外部信号，也不能驱动外部负载。

③ 可以有无数的常开触点和常闭触点。

辅助继电器包含通用型、掉电保持型和特殊辅助继电器三种。

（1）通用型辅助继电器：M0～M499，共 500 个。

该类型继电器的特点是：通用辅助继电器和输出继电器一样，在 PLC 电源断开后，其状态将变为"OFF"。当电源恢复后，除因程序使其变为"ON"外，它仍保持"OFF"。该类型继电器相当于中间继电器（逻辑运算的中间状态存储、信号类型的变换）。

（2）掉电保持型辅助继电器：M500～M1023。

该类型继电器的特点是：在 PLC 电源断开后，保持型辅助继电器具有保持断电前瞬间状态的功能，并在恢复供电后继续保持断电前的状态。掉电保持是由 PLC 机内电池支持的。

（3）特殊辅助继电器：M8000～M8255。

该类型继电器的特点是：特殊辅助继电器是具有某项特定功能的辅助继电器。

特殊辅助继电器分为触点利用型和线圈驱动型。

① 触点型特殊辅助继电器：其线圈由 PLC 自动驱动，用户只可以利用其触点。

② 线圈型特殊辅助继电器：由用户驱动线圈，PLC 将作出特定动作。

▶ 运行监视继电器（波形图如图 1-2-12 所示）：

M8000 —— 当 PLC 处于"RUN"时，其线圈一直得电。

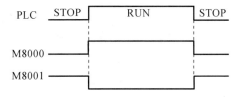

图 1-2-12　运行监视继电器动作波形图

M8001 —— 当 PLC 处于"STOP"时，其线圈一直得电。

▶ 初始化继电器(波形图如图 1-2-13 所示):

M8002 —— 当 PLC 开始运行的第一个扫描周期其得电。

M8003 —— 当 PLC 开始运行的第一个扫描周期其失电。

(对计数器、移位寄存器、状态寄存器等进行初始化)

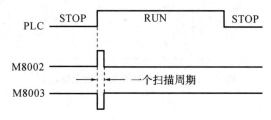

图 1-2-13 初始化继电器动作波形图

▶ 出错指示继电器:

M8004 —— 当 PLC 有错误时，其线圈得电。

M8005 —— 当 PLC 锂电池电压下降至规定值时，其线圈得电。

M8061 —— PLC 硬件出错　　D8061(出错代码)

M8064 —— 参数出错　　　　D8064

M8065 —— 语法出错　　　　D8065

M8066 —— 电路出错　　　　D8066

M8067 —— 运算出错　　　　D8067

M8068 —— 当线圈得电，锁存错误运算结果

▶ 时钟继电器(波形图如图 1-2-14 所示):

M8011 —— 产生周期为 10 ms 脉冲。

M8012 —— 产生周期为 100 ms 脉冲。

M8013 —— 产生周期为 1 s 脉冲。

M8014 —— 产生周期为 1 min 脉冲。

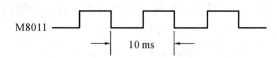

图 1-2-14 时钟继电器动作波形图

▶ 标志继电器

M8020 —— 零标志。当运算结果为 0 时，其线圈得电。

M8021 —— 借位标志。减法运算的结果为负的最大值以下时，其线圈得电。

M8022 —— 进位标志。加法运算或移位操作的结果发生进位时，其线圈得电。

▶ PLC 模式继电器:

M8034 —— 禁止全部输出。当 M8034 线圈被接通时，PLC 的所有输出自动断开。

M8039 —— 恒定扫描周期方式。当 M8039 线圈被接通时，PLC 以恒定的扫描方式运行，恒定扫描周期值由 D8039 决定。

M8031——非保持型继电器、寄存器状态清除。

M8032——保持型继电器、寄存器状态清除。

M8033——"RUN"→"STOP"时，输出保持"RUN"前状态。

M8035——强制运行(RUN)监视。

M8036——强制运行(RUN)。

M8037——强制停止(STOP)。

6) 状态寄存器(S)

状态寄存器用于编制顺序控制程序的状态标志。

(1) 初始化用状态寄存器：S0～S9，这 10 个状态寄存器作为步进程序中的初始状态用。

(2) 通用状态寄存器：S10～S127，这 128 个状态寄存器作为步进程序中的普通状态用。

注：不使用步进指令时，状态寄存器也可当做辅助继电器使用。

7) 定时器(T)

定时器相当于时间继电器。

定时器工作原理：当定时器线圈得电时，定时器对相应的时钟脉冲(100 ms、10 ms、1 ms)从 0 开始计数，当计数值等于设定值时，定时器的触点接通。

定时器组成：定时器由一个设定值寄存器(字)、一个当前值寄存器(字)和无数个触点(位)组成。这三个量使用同一地址编号，但使用场合不一样，意义也不同。

定时器的设定值可用常数 K，也可用数据寄存器 D 中的参数。K 的范围 1～32767。

注意：若定时器线圈中途断电，则定时器的计数值复位。

定时器分为普通定时器和积算定时器。

(1) 普通定时器。输入断开或发生断电时，计数器和输出触点复位，如图 1-2-15 所示。

·　100 ms 定时器：T0～T199，共 200 个，定时范围：0.1～3276.7。

·　10 ms 定时器：T200～T245，共 46 个，定时范围：0.01～327.67s。

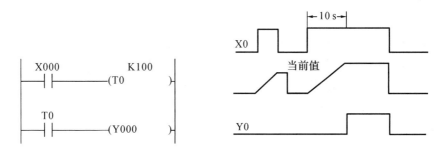

图 1-2-15　普通定时器工作示意图

(2) 积算定时器。输入断开或发生断电时，当前值保持，只有复位接通时，计数器和触点复位，如图 1-2-16 所示。

·　复位指令：如 RST T250。

·　1 ms 积算定时器：T246～T249，共 4 个(中断动作)，定时范围：0.001～32.767 s。

• 100 ms 积算定时器：T250～255，共 6 个，定时范围：0.1～3276.7 s。

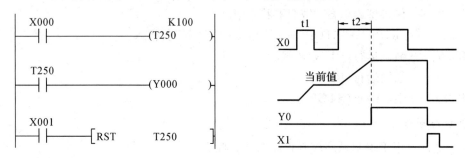

图 1-2-16　积算定时器工作示意图

8）计数器（C）

计数器作用是：对内部元件 X、Y、M、T、C 的信号进行计数（记数值达到设定值时计数器动作）。计数器可分为：普通计数器、双向计数器、高速计数器三种类型。

计数器工作原理是：计数器从 0 开始计数，计数端每来一个脉冲计数值加 1，当计数值与设定值相等时，计数器触点动作，如图 1-2-17 所示。

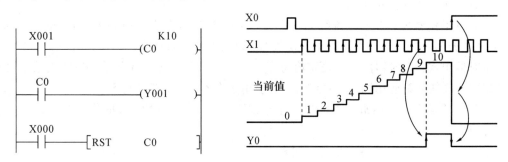

图 1-2-17　计数器工作示意图

计数器的设定值可用常数 K，也可用数据寄存器 D 中的参数。计数值设定范围为 1～32767。

注意：RST 端一接通，计数器立即复位。

（1）普通计数器（计数范围：K1～K32767）。

• 16 位通用加法计数器：C0～C99，16 位增计数器。

• 16 位掉电保持计数器：C100～C199，16 位增计数器。

（2）双向计数器（计数范围：-2147483648～2147483647）。

• 32 位通用双向计数器：C200～C219，共 20 个。

• 32 位掉电保持计数器：C220～C234，共 15 个。

说明：

（1）设定值可直接用常数 K 或间接用数据寄存器 D 的内容。间接设定时，要用编号紧连在一起的两个数据寄存器。

（2）C200～C234 计数器的计数方向（加/减计数）由特殊辅助继电器 M8200～M8234 设定。当 M82xx 接通（置 1）时，对应的计数器 C2xx 为减法计数；当 M82xx 断开（置 0）时对应的计数器 C2xx 为加法计数。

四、知识拓展

1. 数据寄存器(D)

数据寄存器(D)用于存储数值数据。这类数据寄存器都是 16 位的数值数据(最高位为符号位,可处理的数值范围为－32768～＋32767),若将两个相邻的数据寄存器组合,可存储 32 位的数值数据(最高位为符号位,可处理数值范围为－2147483648～＋2147483647)。数据寄存器可分为如下几类。

(1) 通用数据寄存器(D0～D199)共 200 点。通用数据寄存器一旦写入数据,只要不再写入其他数据,其内容不变。但是在 PLC 从运行到停止或断电时,所有数据都将被清零(若驱动特殊辅助继电器 M8033,则可以保持)。

(2) 断电保持数据存储器(D200～D7999)共 7800 点。只要不改写,无论 PLC 是从运行到停止,还是断电时,断电保持数据寄存器里的数值将保持不变。需要注意的是当使用 PLC 并联通信功能时,D490～D509 被作为通信占用。

(3) 特殊数据寄存器(D8000～D8255)共 256 点。特殊数据寄存器用于监控机内元件的运行方式。在电源接通时,利用 ROM 写入初始值。例如,在 D8000 中,存有监视定时器的时间设定值。

(4) 文件数据存储器(D1000～D7999)。文件数据存储器实际上是一类专用的数据存储器,用于存储大量的数据,如采集数据、统计计算数据等。

2. 变址用寄存器:V、Z

变址寄存器 V、Z。编制寄存器和通用数据寄存器一样,是进行数值数据读写的 16 位数据寄存器。FX₂ₙ系列 PLC 的变址寄存器 V 和 Z 各有 8 点,分别是 V0～V7、Z0～Z7,主要用于修改元件的地址编号。例如:Z0＝2,则 D10Z0 变为 D12(10＋2＝12);V1＝3,则 K1M0V1 变为 K1M3(0＋3＝3)。但是变址寄存器不能修改 V 和 Z 本身或位数指定用的 Kn 参数。例如:K1M0V1 有效,而 K1V1M0 无效。

3. 指针 P、I

在 FX 系列中,指针用来指示分支指令的跳转目标和中断程序的入口标号。分为分支用指针、输入中断指针及定时中断指针和记数中断指针。

1) 分支用指针(P0～P127)

FX₂ₙ有 P0～P127 共 128 点分支用指针。分支指针用来指示跳转指令(CJ)的跳转目标或子程序调用指令(CALL)调用子程序的入口地址。

2) 中断指针(I0□□～I8□□)

中断指针是用来指示某一中断程序的入口位置的。执行中断后遇到 IRET(中断返回)指令,则返回主程序。中断指针有以下三种类型:

① 输入中断指针(I00□～I50□),共 6 点,它是用来指示由特定输入端的输入信号而产生中断的中断服务程序的入口位置,这类中断不受 PLC 扫描周期的影响,可以及时处理外界信息。输入中断用指针的编号格式如下:

例如:I101 为当输入 X1 从"OFF"→"ON"变化时,执行以 I101 为标号后面的中断程序，并根据 IRET 指令返回。

② 定时器中断指针（I6□□～I8□□），共 3 点，是用来指示周期定时中断的中断服务程序的入口位置，这类中断的作用是 PLC 以指定的周期定时执行中断服务程序，定时循环处理某些任务。处理的时间也不受 PLC 扫描周期的限制。□□表示定时范围，可在 10～99 ms 中选取。

③ 计数器中断指针（I010～I060），共 6 点，它们用在 PLC 内置的高速计数器中。根据高速计数器的计数当前值与计数设定值之关系确定是否执行中断服务程序。它常用于利用高速计数器优先处理计数结果的场合。

五、巩固与提高

(1) FX 系列 PLC 型号命名格式中各符号的含义是什么？

(2) 采用继电器输出的 PLC 时，如果驱动的负载既有直流负载又有交流负载，应该如何处理？

(3) FX 系列 PLC 具有哪些主要性能？

(4) FX$_{3U}$ PLC 的编程元件有哪几种？请说明它们的用途和使用方法。

(5) FX 系列 PLC 常用的特殊辅助继电器有哪些？各有什么作用？

第三单元　GX Developer 编程软件的使用

一、学习目标

★知识目标

(1) 熟悉 GX Developer 软件界面。

(2) 掌握梯形图的基本输入操作。

(3) 掌握利用 PLC 编程软件进行编辑、调试等基本操作。

★能力目标

(1) 通过本单元的学习,能够使用 GX Developer 编程软件创建简单的 PLC 程序。

(2) 能够对程序进行编译、下载和监控。

(3) 能够根据编译结果对出现的问题进行修改。

二、任务导入

三菱 PLC 编程软件有好几个版本,包括早期的 FXGP/DOS 和 FXGP/WIN－C、现在常用的 GPP For Windows 和最新的 GX Developer(简称 GX)。实际上 GX Developer 是 GPP For Windows 的升级版本,两者相互兼容,但 GX Developer 界面更友好,功能更强大,使用更方便。这里介绍的是 GX Developer 7.08 版本适用于 Q 系列、QnA 系列及 FX 系列的所有 PLC。GX 编程软件可以编写梯形图程序和状态转移图程序(全系列),支持在线和离线编程功能,并具有软元件注释、声明、注解及程序监视、测试、故障诊断、程序检查等功能。此外,具有突出的运行写入功能,而且不需要频繁操作 STOP/RUN 开关,方便程序调试。

GX 编程软件可在 Windows 2000/Windows XP 及 Windows 7 操作系统中运行。该编程软件简单易学,具有丰富的工具箱,直观形象的视窗界面。此外,GX 编程软件可直接设定 CC－link 及其他三菱网络的参数,能方便地实现监控、故障诊断、程序的传送及程序的复制、删除和打印等功能。

本单元将和大家一起学习 GX Developer 编程软件的使用。

三、相关知识

1. GX 编程软件的操作界面

图 1－3－1 所示为 GX Developer 编程软件的操作界面,该操作界面大致由下拉菜单、

工具条、编程区、工程数据列表、状态条等部分组成。这里要特别注意的是，在FXGP/WIN-C编程软件里称编辑的程序为文件，而在GX Developer编程软件中则称之为工程。

　　与FXGP/WIN-C编程软件的操作界面相比，该软件取消了功能图、功能键，并将这两部分内容合并，作为梯形图标记工具条，新增加了工程参数列表数据切换工具条、注释工具条等。这样友好直观的操作界面使操作更加简便。

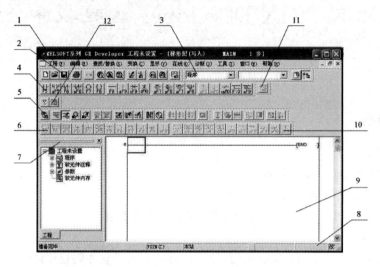

图1-3-1　GX Developer编程软件的操作界面

　　图1-3-1中引出线所示的名称、内容说明如表1-3-1所示。

表1-3-1　GX Developer编程软件的操作界面

序号	名　称	内　容
1	下拉菜单	包含工程、编辑、查找/替换、交换、显示、在线、诊断、工具、窗口、帮助，共10个菜单
2	标准工具条	由工程菜单、编辑菜单、查找/替换菜单、在线菜单、工具菜单中常用的功能组成
3	数据切换工具条	可在程序菜单、参数、注释、编程元件内存这四个项目中切换
4	梯形图标记工具条	包含梯形图编辑所需要使用的常开触点、常闭触点、应用指令等内容
5	程序工具条	可进行梯形图模式、指令表模式的转换；进行读出模式、写入模式、监视模式、监视写入模式的转换
6	SFC工具条	可对SFC程序进行块变换、块信息设置、排序、块监视等操作
7	工程参数列表	显示程序、编程元件注释、参数、编程元件内存等内容，可实现这些项目数据的设定
8	状态栏	提示当前的操作，显示PLC类型以及当前操作状态等

续表

序号	名　称	内　　容
9	操作编辑区	完成程序的编辑、修改、监控等的区域
10	SFC 符号工具条	包含 SFC 程序编辑所需要使用的步、块启动步、选择合并、平行等功能键
11	编程元件内存工具条	进行编程元件的内存的设置
12	注释工具条	可进行注释范围设置或对公共/各程序的注释进行设置

2. 文件管理

1）创建新工程

创建一个新工程的操作方法是：在菜单栏中单击"工程"→"新建工程"命令，或者按【Ctrl＋N】组合键操作，或者单击常用工具栏中的▢按钮，弹出"创建新工程"对话框，如图 1-3-2 所示。在弹出的"创建新工程"对话框的 PLC 系列、PLC 类型设置栏中，选择工程用的 PLC 系列、类型，如 PLC 系列选择 FXCPU，PLC 类型选择 FX$_{3U}$。然后单击【确定】按钮，或者按回车键即可。单击【取消】按钮则不建新工程。

图 1-3-2　"创建新工程"对话框

"创建新工程"对话框下部的"设置工程名"区域用于设置工程名称。

设置工程名称的操作方法是：选中"设置工程名"复选框，然后在规定的位置，设置驱动器/路径（存放工程文件的子文件夹），设置工程名，设置项目标题。

2）打开工程

打开工程的操作方法是：在菜单栏中单击"工程"→"打开工程"命令或按【Ctrl＋O】组合键，或者单击常用工具栏的▣按钮，弹出"打开工程"对话框，如图 1-3-3 所示。

在"打开工程"对话框中，选择工程项目所在的驱动器、工程存放的文件夹、工程名称，选中工程名称后，单击【打开】按钮即可。

图 1-3-3　"打开工程"对话框

3）工程的保存、关闭和删除

（1）保存当前工程。在菜单栏中单击"工程"→"保存"命令或者按【Ctrl＋S】组合键，或者单击常用工具栏中的█按钮即可。

如果是第一次保存，屏幕显示"另存工程为"对话框，如图 1-3-4 所示。选择工程存放的驱动器、文件夹、填写工程名称、标题，再单击【保存】按钮。在"另存工程为"对话框中单击【是】按钮，保存工程；单击【否】按钮，则返回编辑窗口。

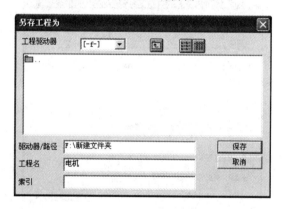

图 1-3-4　"另存工程为"对话框

（2）关闭当前工程。在菜单中单击"工程"→"关闭工程"命令，在"退出确认"对话框中单击【是】按钮，退出工程；单击【否】按钮，则返回编辑窗口。

（3）删除工程。在菜单中单击"工程"→"删除工程"命令，弹出"删除工程"对话框。单击欲删除文件的文件名，按【回车】键，或者单击【删除】按钮；或者双击欲删除的文件名，弹出"删除确认"对话框。单击【是】按钮，确认删除工程；单击【否】按钮，返回上一对话框；单击【取消】按钮，不继续删除操作。

3．梯形图程序的编制

下面通过一个具体的实例，用 GX 编程软件在计算机上编制如图 1-3-5 所示的梯形图程序的操作步骤。

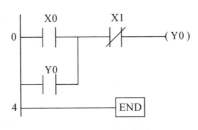

图 1-3-5　梯形图

在用计算机编制梯形图程序之前，首先单击图 1-3-6 程序编制画面中的 按钮或按【F2】键，使其为"写"模式，然后单击图 1-3-6 中的 按钮，选择"梯形图显示"，即程序在编辑区中以梯形图的形式显示。下一步是选择当前编辑区域，选中的当前编辑区域为蓝色方框。

图 1-3-6　程序编制界面

梯形图的绘制有两种方法，一种是用键盘操作，即通过键盘输入完整的指令，如图 1-3-6 中输入"L"→"D"→"空格"→"X"→"0"→按【Enter】键，则 X0 的常开触点就在编辑区域中显示出来，然后再输入"ANI　X1"→"OUT Y0"→"OR Y0"，即绘制出如图 1-3-7 所示的图形。

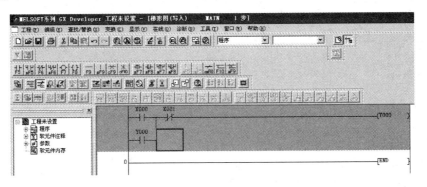

图 1-3-7　程序变换前的界面

梯形图程序编制完成后，在写入PLC之前，必须进行变换，单击图1-3-7中"变换"菜单下的"变换"命令，或直接按【F4】键完成变换，此时编辑区不再是灰色状态，可以存盘或传送。

另一种方法是用鼠标和键盘操作，即用鼠标选择工具栏中的图形符号，再键入其软元件和软元件号，输入完毕按【Enter】键即可。

如图1-3-8所示为有定时器、计数器线圈及功能指令的梯形图。如用键盘操作，则在图1-3-7中输入"L"→"D"→"空格"→"X"→"0"→按【Enter】；输入"OUT"→"空格"→"T0"→"空格"→"K100"→按【Enter】；输入"OUT"→"空格"→"C0"→"空格"→"K6"→按【Enter】，然后输入"MOV"→"空格"→"K20"→"空格"→"D10"→按【Enter】。如用鼠标和键盘操作，则选择所对应的图形符号，再键入软元件及软元件编号，再按【Enter】键，依此完成所有指令的输入。

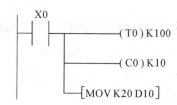

图1-3-8 用鼠标和键盘操作的画面

4. 指令表程序的编制

指令表方式编制程序即指直接输入指令并以指令的形式显示的编程方式。对于图1-3-5中所示的梯形图程序，其指令表程序在屏幕上的显示如图1-3-9所示。其操作为单击图1-3-9中 按钮或【ATL＋F1】键，即选择指令表方式显示，其余的操作与上述介绍的用键盘输入指令的方法相同，且指令表程序不需要变换。

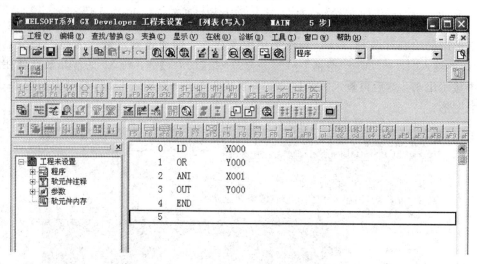

图1-3-9 指令表方式编制程序的画面

5. 梯形图的编辑操作

1）删除、插入

删除、插入操作可以是一个图形符号，也可以是一行，还可以是一列（END 指令不能被删除），其操作方法有如下几种：

（1）将当前编辑区定位到要删除、插入的图形处，右击鼠标，再在快捷菜单中选择需要的操作。

（2）将当前编辑区定位到要删除、插入的图形处，在"编辑"菜单中执行相应的命令。

（3）将当前编辑区定位到要删除的图形处，然后按键盘上的【Del】键，即可。

（4）若要删除某一段程序时，可拖动鼠标选中该段程序，然后按键盘上的【Del】键，或执行"编辑"菜单中的"删除行"，或"删除列"命令。

（5）按键盘上的【Ins】键，使屏幕右下角显示"插入"，然后将光标移到要插入的图形处，输入要插入的指令即可。

2）修改

若发现梯形图有错误，可进行修改操作，如将图 1-3-5 中 X1 常闭改为常开。首先按键盘上的【Del】键，使屏幕右下角显示"改写"，然后将当前编辑区定位到要修改的图形处，输入正确的指令即可。若将 X1 常开后再改为 X2 的常闭，则可输入 LD1 X2 或 ANI X2，即将原来错误的程序覆盖。

3）删除、绘制连线

若将图 1-3-5 中 X0 右边的竖线去掉，在 X1 右边加一竖线，其操作如下：

（1）将当前编辑区置于要删除的竖线右上侧，然后单击 按钮，即选择删除竖线，再按【Enter】键即删除竖线。

（2）将当前编辑区定位到图 1-3-5 中 X1 触点右侧，然后单击 按钮，再按【Enter】键即在 X1 右边添加了一条竖线。

（3）将当前编辑区定位到图 1-3-5 中 Y0 触点右侧，然后单击 按钮，再按【Enter】键即添加了一条横线。

4）复制、粘贴

首先拖动鼠标选中需要复制的区域，右击"鼠标执行"命令（或"编辑"菜单中的"复制"命令），再将当前编辑区定位到要粘贴的区域，执行粘贴命令即可。

6. 程序的传送

要将在计算机上用 GX 编好的程序写入到 PLC 中的 CPU 中，或将 PLC 中 CPU 的程序读到计算机中，一般需要以下几步：

1）PLC 与计算机的连接

正确连接计算机和 PLC 的编程电缆，特别是 PLC 接口方位不要弄错，否则容易造成损坏。

2）进行通讯设置

程序编制完后，单击"在线"菜单中的"传输设置"后，出现如图 1-3-10 所示的窗口，设置好 PCI/F 和 PLCI/F 的各项设置，其他项保持默认，单击【确定】按钮。

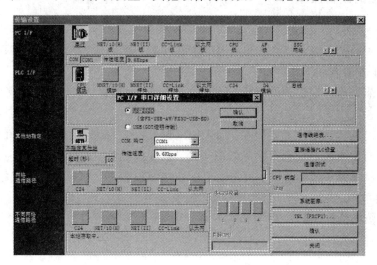

图 1-3-10 "传输设置"窗口

3）程序写入、读出

　　若要将计算机中编制好的程序写入到 PLC 中，单击"在线"菜单中的"PLC 写入"，则出现如图 1-3-11 所示窗口，根据出现的对话框进行操作即可。即选中"MAIN"（主程序），再单击【开始执行】即可。若要将 PLC 中的程序读出到计算机中，其操作与程序写入操作类似。

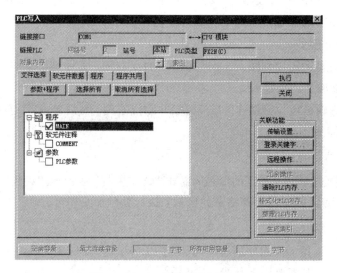

图 1-3-11 "PLC 写入"窗口

7. 程序监控

1）梯形图监控

（1）梯形图监控。依次单击"在线"→"监视"→"监视开始（全画面）"，弹出"梯形图监视"窗口，如图 1-3-12 所示。

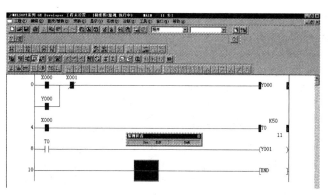

图 1-3-12　"梯形图监控"窗口

开始进行程序监视后，窗口中触点为蓝色表示触点闭合；线圈括号为蓝色，表示线圈得电；定时器、计数器设定值显示在其上部，当前值显示在下部。

（2）停止监视。依次单击"在线"→"监视"→"监视停止（全画面）"即可停止监视。

2）元件测控

（1）强制元件 ON/OFF。依次单击"在线"→"调试"→"软元件测试"，弹出"软元件测试"对话框。在位设备的设备输入框中输入位元件的符号和地址号，然后单击【强制 ON】或【强制 OFF】按钮，分别强制该元件"ON"或"OFF"。

（2）改变当前监视。依次单击"在线"→"监视"→"当前值监视切换（十进制）"菜单命令，则元件当前值以十进制数值显示。

单击"在线"→"监视"→"当前值监视切换（十六进制）"菜单命令，则元件当前值以十六进制数值显示。

（3）远程操作。在菜单栏中单击"在线"→"远程操作"命令，弹出"远程操作"对话框，单击操作选项的下拉文本框右边的▼箭头，选择运行或停止选项，再单击【开始执行】按钮，根据提示进行相关操作就可以控制 PLC 的运行与停止。

8. 调试

采用 GX Developer 作为编程平台，将编制好的梯形图程序写入 GX Simulator 进行仿真，GX Simulator 作为一个模拟 PLC 运行的虚拟 PLC 控制器，如图 1-3-13 所示。

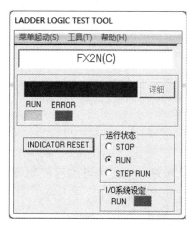

图 1-3-13　调试工具

　　启动调试程序后，点击【菜单启动】按钮，选择"继电器内存监视"选项，将弹出如图 1-3-14 所示的"内存监视"窗口。

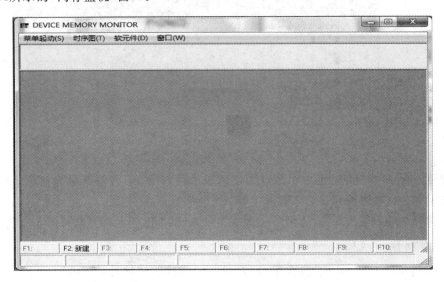

图 1-3-14　"继电器内存监视"窗口

　　点击"软元件"菜单，选择需要监视的变量，如图 1-3-15 所示。

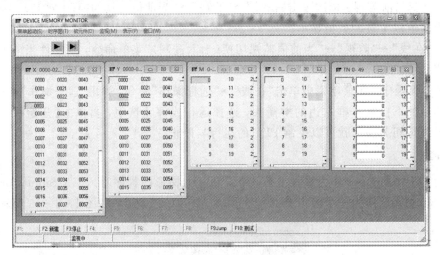

图 1-3-15　变量调试

　　按照系统的工艺要求进行一步一步的调试，直到符合要求为止。

四、知识拓展

1. PLC 编程步骤

　　(1) 决定系统所需的动作及次序。当使用可编程控制器时，最重要的一环是决定系统所需的输入及输出。输入及输出要求如下：

　　· 第一步是设定系统输入及输出数目。

　　· 第二步是决定控制先后顺序、各器件相应关系以及作出何种反应。

（2）对输入及输出器件编号。每一输入和输出，包括定时器、计数器、内置寄存器等都有一个唯一的对应编号，不能混用。

（3）画出梯形图。根据控制系统的动作要求，画出梯形图。

（4）将梯形图转换为程序。把继电器梯形图转换为可编程控制器的编码，当完成梯形图的转换以后，下一步是把它的编码编译成可编程控制器能识别的程序。

这种程序语言是由序号（即地址）、指令（控制语句）和器件号（即数据）组成的。地址是控制语句及数据所存储或摆放的位置，指令告诉可编程控制器怎样利用器件作出相应的动作。

（5）在编程方式下用键盘输入程序。

（6）设计及编写控制程序。

（7）测试控制程序的错误并修改。

（8）保存完整的控制程序。

2. 梯形图设计规则

（1）触点应画在水平线上，并且根据自左至右、自上而下的原则和对输出线圈的控制路径来画。

（2）不包含触点的分支应放在垂直方向，以便于识别触点的组合和对输出线圈的控制路径。

（3）在有几个串联回路相并联时，应将触头多的那个串联回路放在梯形图的最上面。在有几个并联回路相串联时，应将触点最多的并联回路放在梯形图的最左面。这种安排可使所编制的程序简洁明了，语句较少。

（4）不能将触点画在线圈的右边。

3. GX Developer 与易控组态软件联调

将 GX Simulator 和易控组态软件通过 MX Component 进行通信连接，建立基于易控组态软件的监控界面，通过信息的交互和上位机界面的监控实现虚拟控制过程。

打开易控的开发画面，点击开发画面的【运行】按钮，如图 1-3-16 所示。

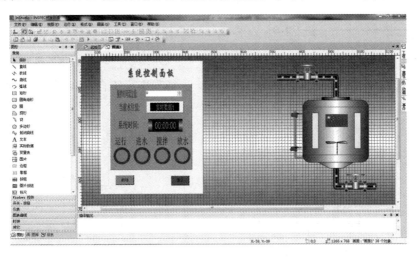

图 1-3-16 启动画面运行

之后弹出如图 1-3-17 所示的画面。

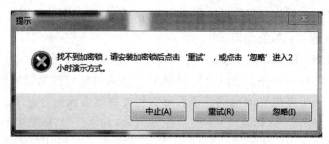

图1-3-17 系统提示

此时，只要点击【忽略】或者直接点击键盘上的【Enter】键，将进入动画演示画面。整个过程到此结束。

五、巩固与提高

（1）启动编程软件，建立一个新工程。

（2）梯形图编程，输入如题图1-3-1所示的梯形图，通过编辑操作进行检查和修改。

（3）输入如题图1-3-2所示梯形图程序，运行程序后改变输入元件的状态，观察输出指示灯的变化情况。

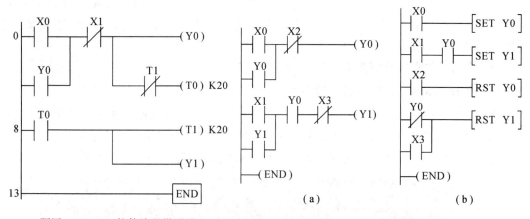

题图1-3-1 软件编程梯形图   题图1-3-2 软件编程梯形图

（4）输入如题图1-3-3所示梯形图程序，运行程序后闭合X0，观察输出指示灯的变化情况。

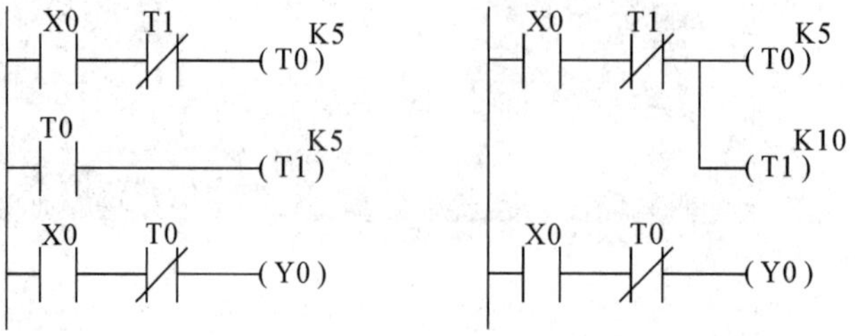

题图1-3-3 软件编程梯形图

第二部分　工程项目训练

项目一　三相异步电动机正反转控制

一、学习目标

★知识目标

（1）掌握三菱 FX_{3U} 系列 PLC 的基本逻辑指令系统（逻辑取及驱动线圈指令、单个触点串并联指令、上升沿和下降沿的取与或指令）。

（2）明确基本指令的使用要素及应用。

★能力目标

（1）通过本项目的实训和操作，能够正确编写、输入和传输三相异步电动机正反转 PLC 控制程序。

（2）能够独立完成三相异步电动机正反转 PLC 控制线路的安装。

（3）按规定进行通电调试，出现故障时，能根据设计要求独立检修，直至系统正常工作。

二、项目介绍

★ 项目描述

在实际生产中，很多场合都要求三相异步电动机既能实现正转又能实现反转，其方法是对调任意两根电源相线以改变三相电源的相序，从而改变电动机的转向。继电器控制的三相异步电动机正反转控制电气原理图如图 2-1-1 所示，图中各主要元器件的功能见表 2-1-1 所示。本项目要求用 PLC 实现三相异步电动机的正反转控制。

表 2-1-1　电动机正反转电路主要元器件及其在电路中的功能

代号	名称	用途
KM1	交流接触器	正转控制
KM2	交流接触器	反转控制
SB3	正转启动按钮	正转启动控制
SB2	反转启动按钮	反转启动控制
SB1	停止按钮	停止控制
FR	热继电器	过载保护

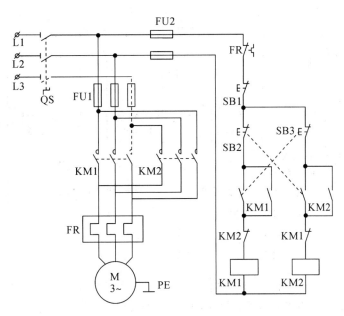

图 2-1-1 三相异步电动机正反转电路原理图

★ 控制要求

（1）能够用按钮控制三相异步电动机的正、反转启动和停止。

（2）具有短路保护和过载保护等必要的保护措施。

三、相关知识

（一）可编程控制器控制系统和继电器逻辑控制系统的比较

传统继电器逻辑控制系统框图如图 2-1-2 所示，控制信号对设备的控制是通过控制线路板的接线实现的。在这种控制系统中，要实现不同的控制要求必须改变控制电路的接线。

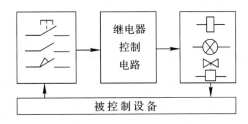

图 2-1-2 传统继电器逻辑控制系统框图

图 2-1-3 所示是可编程控制器控制系统图，通过输入端子接收外部输入信号。按下按钮 SB1 输入继电器 X0 线圈得电，X0 动合触点闭合、动断触点断开；而对于输入继电器 X1 来说，由于外接的是按钮 SB2 的常闭触点，因此未按下 SB1 时，输入继电器 X1 得电，其动合触点闭合、动断触点断开；而当按下 SB2 时，输入继电器 X1 线圈失电，X1 的动合触点断开、动断触点闭合。因此，输入继电器只能通过外部输入信号驱动，不能由程序驱动。

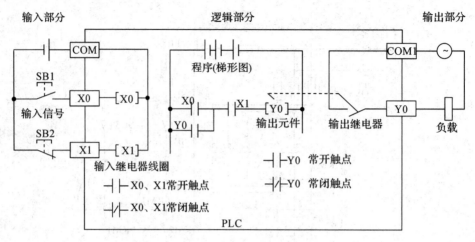

图 2-1-3 可编程控制器控制系统框图

输出端子是 PLC 向外部负载输出信号的窗口，输出继电器的输出触点接到 PLC 的输出端子上，若输出继电器得电，其触点闭合，电源加到负载上，负载开始工作。而输出继电器由事先编好的程序（梯形图）驱动，因此修改程序即可实现不同的控制要求，非常灵活方便。

(二) 相关指令

1. 逻辑取及驱动线圈指令 LD/LDI/OUT

1) 指令功能

LD(取指令)：逻辑操作开始，将常开触点与左母线连接。

LDI(取反指令)：逻辑操作开始，将常闭触点与左母线连接。

OUT(输出指令)：将逻辑运算结果输出，是继电器线圈的驱动指令。

2) 程序举例

[例2-1-1] LD、LDI 和 OUT 指令应用举例见图2-1-4所示，操作数见表2-1-2所示。

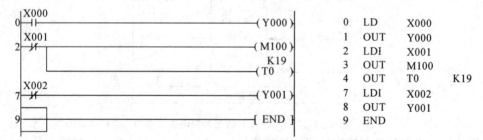

图 2-1-4 LD、LDI 和 OUT 指令应用示例

表 2-1-2 LD、LDI 和 OUT 指令操作数

指令	继电器				定时器/计数器	
	X	Y	M	S	T	C
LD LDI	A	A	A	A	A	A
OUT	N/A	A	A	A	A	A

注：A 表示可用；N/A 表示不可用。

3）指令使用说明

① LD 是电路开始的常开触点连到母线上，可以用于 X、Y、M、T、C 和 S 继电器。

② LDI 是电路开始的常闭触点连到母线上，可以用于 X、Y、M、T、C 和 S 继电器。

③ OUT 是驱动线圈的输出指令，可以用于 Y、M、T、C 和 S 继电器。

④ LD 与 LDI 指令对应的触点一般与左侧母线相连，若与后述的 ANB、ORB 指令组合，则可用于串、并联电路块的起始触点。

⑤ 输入继电器 X 不能使用 OUT 指令。

2. 触点串联指令 AND、ANI

1）指令功能

AND：将常开触点与另一个触点串联，指令的操作数是单个逻辑变量。

ANI：将常闭触点与另一个触点串联，指令的操作数是单个逻辑变量。

2）程序举例

[例 2-1-2] AND 和 ANI 指令应用举例的梯形图及指令如图 2-1-5 所示，操作数见表 2-1-3。

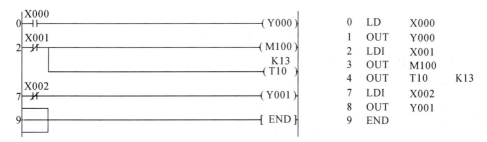

图 2-1-5 AND 和 ANI 指令应用示例

表 2-1-3 AND 和 ANI 指令操作数

指令	继电器				定时器/计数器	
	X	Y	M	S	T	C
AND ANI	A	A	A	A	A	A

3）指令使用说明

① AND、ANI 指令只能用于单个触点的串联，串联触点的数量不限，即可以多次使用 AND、ANI 指令，若要串联某个由两个或两个以上触点并联而成的电路块，则需要使用后面讲的 ANB 指令。

② 电路执行完 OUT 指令后，通过触点对其他线圈执行 OUT 指令，叫做"纵接输出"。如图 2-1-6 所示，在输出 Y001 时，可以用"ANI X001"直接驱动；但在图 2-1-7 中，则需要用到 MPS 和 MPP 指令（后面会讲到）。

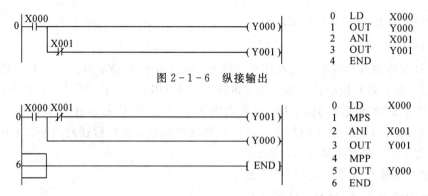

0	LD	X000
1	OUT	Y000
2	ANI	X001
3	OUT	Y001
4	END	

图 2-1-6 纵接输出

0	LD	X000
1	MPS	
2	ANI	X001
3	OUT	Y001
4	MPP	
5	OUT	Y000
6	END	

图 2-1-7 多重指令输出

图 2-1-8 所示为纵接输出应用示例。

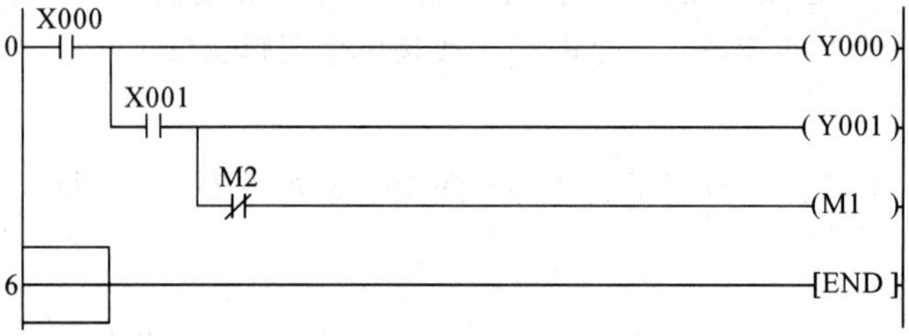

0	LD	X000
1	OUT	Y000
2	AND	X001
3	OUT	Y001
4	ANI	M2
5	OUT	M1
6	END	

图 2-1-8 纵接输出应用示例

3. 触点并联指令 OR、ORI

1）指令功能

OR：将常开触点与另一个触点并联，指令的操作数是单个逻辑变量。

ORI：将常闭触点与另一个触点并联，指令的操作数是单个逻辑变量。

2）程序举例

［例 2-1-3］ OR 和 ORI 指令应用举例的梯形图及指令如图 2-1-9 所示，操作数见表 2-1-4。

(a)

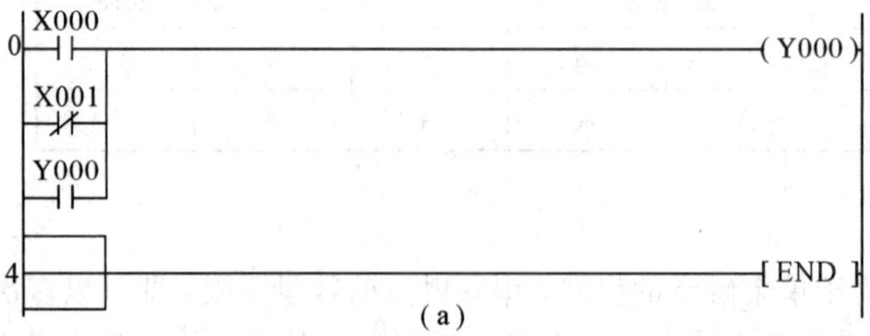

0	LD	X000
1	ORI	X001
2	OR	Y000
3	OUT	Y000
4	END	

(b)

图 2-1-9 OR 和 ORI 指令应用示例

表 2-1-4 OR 和 ORI 指令操作数

指令	继电器				定时器/计数器	
	X	Y	M	S	T	C
OR ORI	A	A	A	A	A	A

3) 指令使用说明

OR、ORI 指令只能用于单个触点的并联,并联触点的数量不限,即可以多次使用 OR、ORI 指令。若要并联某个由两个或两个以上触点串联而成的电路块,则需要使用后面讲的 ORB 指令。

4. 电路块串联指令 ANB

1) 指令功能

ANB 指令的功能是将两个逻辑块相串联,以实现两个逻辑块的"与"运算。该指令助记符后面不带操作数。

2) 程序举例

[**例 2-1-4**] ANB 指令应用举例的梯形图及指令如图 2-1-10 所示。

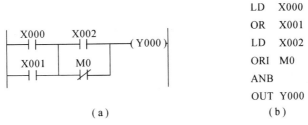

(a) (b)

图 2-1-10 ANB 指令应用示例

3) 使用说明

ANB 指令不带操作元件,后面不跟任何软元件编号。每个电路块都要以 LD 或 LDI 开始。ANB 指令使用次数不受限制,也可以集中使用,集中使用次数不得超过 8 次。

5. 电路块并联指令 ORB

1) 指令功能

ORB 指令的功能是将两个逻辑块相并联,以实现两个逻辑块的"或"运算。该指令助记符后面不带操作数。

2) 程序举例

[**例 2-1-5**] ORB 指令应用举例的梯形图及指令如图 2-1-11 所示。

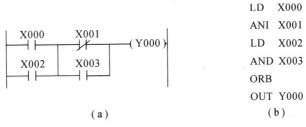

(a) (b)

图 2-1-11 ORB 指令应用示例

3) 使用说明

ORB 与 ANB 指令相似。如果有 n 个电路块并联/串联,ORB/ANB 指令应使用 n-1

次。两者均可分开或集中使用，集中使用次数均不得超过 8 次，如图 2-1-12 所示，其中图 2-1-12(b)为 ORB 指令分开使用，图 2-1-12(c)为 ORB 指令集中使用。

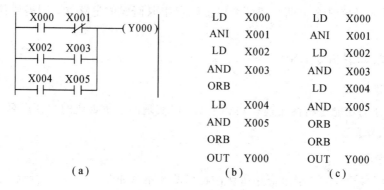

图 2-1-12 ORB 指令应用示例

图 2-1-13 所示为 ORB 与 ANB 指令混合使用的示例。

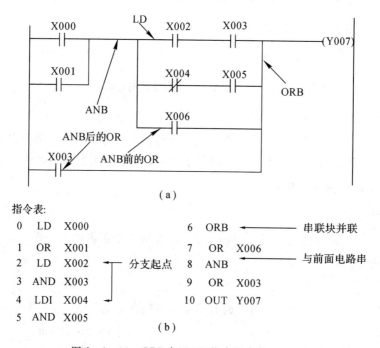

图 2-1-13 ORB 与 ANB 指令混合使用示例

6. 上升沿和下降沿的取指令 LDP、LDF

上升沿的取指令 LDP 用于在输入信号的上升沿接通一个扫描周期；下降沿的取指令 LDF 用于在输入信号的下降沿接通一个扫描周期。指令后缀 P 表示上升沿有效，F 表示下降沿有效，在梯形图中分别用 |↑| 和 |↓| 表示。

LDP、LDF 指令的应用示例如图 2-1-14 所示。使用 LDP 指令时，Y1 在 X1 的上升沿时刻（由"OFF"到"ON"时）接通，接通时间为一个扫描周期。使用 LDF 指令时，Y2 在 X3 的下降沿时刻（由"ON"到"OFF"时）接通，接通时间为一个扫描周期。

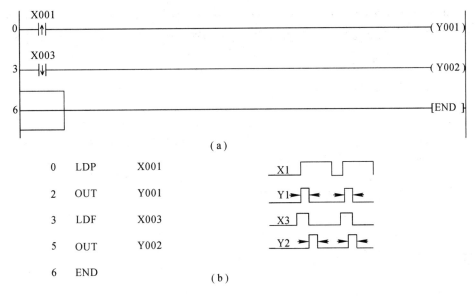

图 2-1-14　LDP、LDF 指令应用示例

7. 上升沿和下降沿的与指令 ANDP、ANDF

ANDP 为在上升沿进行"与"逻辑操作的指令，ANDF 为在下降沿进行"与"逻辑操作的指令。ANDP、ANDF 指令的应用示例如图 2-1-15 所示。使用 ANDP 指令编程，使输出继电器 Y1 在辅助继电器 M1 闭合后，在 X1 的上升沿（由 OFF 到 ON）时接通一个扫描周期；使用 ANDF 指令，使 Y2 在 X2 闭合后，在 X3 的下降沿（由 ON 到 OFF）时接通一个扫描周期，即 ANDP、ANDF 指令仅在上升沿和下降沿进行一个扫描周期"与"逻辑运算。

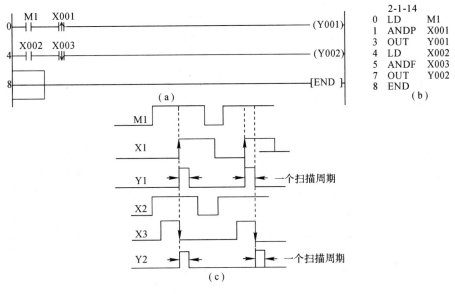

图 2-1-15　ANDP、ANDF 指令应用示例

8. 上升沿和下降沿的或指令 ORP、ORF

ORP 为在上升沿的或逻辑操作指令，ORF 为在下降沿的或逻辑操作指令。ORP、ORF

指令的应用示例如图 2-1-16 所示。使用 ORP 指令,辅助继电器 M0 仅在 X0、X1 的上升沿(由"OFF"到"ON")时接通一个扫描周期;使用 ORF 指令,Y0 仅在 X4、X5 的下降沿(由"ON"到"OFF")时接通一个扫描周期。

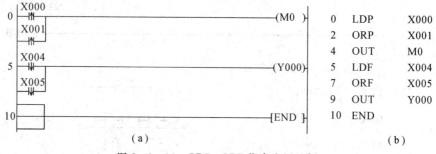

图 2-1-16 ORP、ORF 指令应用示例

四、任务实施

1. 输入/输出分配表

三相异步电动机正反转控制电路的输入/输出分配见表 2-1-5。

表 2-1-5 三相异步电动机正反转控制电路输入/输出分配表

输　入			输　出		
输入设备	代号	输入点编号	输出设备	代号	输出点编号
停止按钮(常开)	SB1	X001	正转接触器	KM1	Y001
正转按钮	SB3	X002	反转接触器	KM2	Y002
反转按钮	SB2	X003			
热继电器触点(常开)	FR	X004			

2. 输入/输出接线图

用三菱 FX$_{3U}$ 型可编程控制器实现三相异步电动机正反转控制的输入/输出接线,如图 2-1-17 所示。

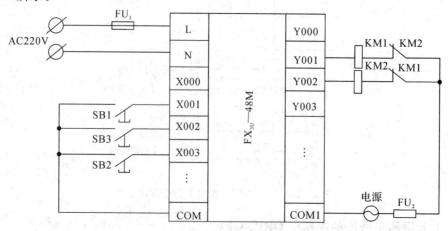

图 2-1-17 电动机正反转 PLC 控制系统的输入/输出接线图

3. 编写梯形图程序

根据三相异步电动机正反转的控制要求，编写梯形图程序如图 2-1-18 所示。

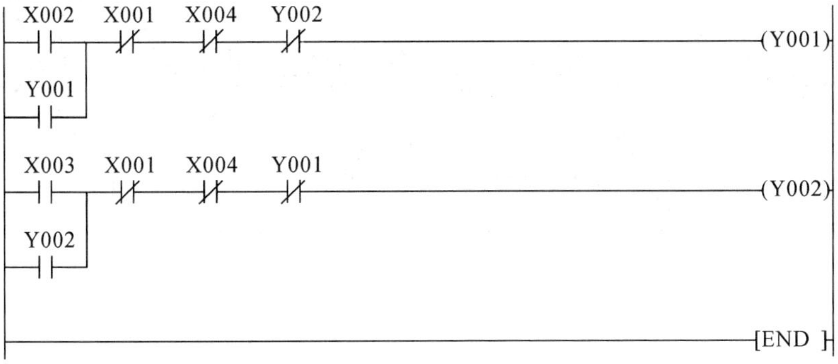

```
   X002  X001  X004  Y002
   ─┤├──┤/├──┤/├──┤/├─────────────────────────(Y001)
   Y001
   ─┤├─

   X003  X001  X004  Y001
   ─┤├──┤/├──┤/├──┤/├─────────────────────────(Y002)
   Y002
   ─┤├─

   ──────────────────────────────────────────[END]
```

图 2-1-18 三相异步电动机正反转控制梯形图程序

4. 系统调试

（1）在断电状态下，连接好 PC/PPI 电缆。

（2）将 PLC 运行模式选择开关拨到"STOP"位置，此时 PLC 处于停止状态，可以进行程序编写。

（3）在作为编程器的计算机上，运行 GX Developer 编程软件。

（4）将图 2-1-14 所示的梯形图程序输入到计算机中。

（5）将程序文件下载到 PLC 中。

（6）将 PLC 运行模式的选择开关拨到"RUN"位置，使 PLC 进入运行方式。

（7）在教师的现场监护下进行通电调试，验证系统功能是否符合控制要求。

（8）如果出现故障，应分别检查硬件接线和梯形图程序是否有误，修改完成后应重新调试，直至系统能够正常工作。

（9）记录程序调试的结果。

五、拓展训练

用基本指令编写单台电动机实现三地控制启动、停止的 PLC 控制程序，安装接线并调试运行。

六、巩固与提高

（1）指出图 2-1-18 程序中的自锁和互锁，并解释为什么能自锁和互锁。

（2）根据图 2-1-18 给出的梯形图写出指令表。

（3）请总结什么情况下需要用自锁，什么情况下需要用互锁。

（4）试编写单台电动机实现两地控制的梯形图和指令程序。

（5）试编写单台电动机实现点动与长动控制的梯形图和指令程序。

项目二 三相异步电动机星形-三角形降压启动控制

一、学习目标

★知识目标

（1）认识三菱 FX_{3U} 系列 PLC 内部定时器 T 的种类和用法。

（2）知道 MPS、MRD、MPP 堆栈指令的含义及使用方法。

（3）初步熟悉 PLC 控制系统的设计、编程和调试的一般方法。

（4）掌握三菱 FX_{3U} 系列 PLC 控制的电动机星形-三角形降压启动的工作原理。

★能力目标

（1）通过本项目的实训和操作，能够正确编制、输入和传输三相异步电动机星形-三角形降压启动 PLC 控制程序。

（2）能够独立完成三相异步电动机星形-三角形降压启动 PLC 控制线路的安装。

（3）按规定进行通电调试，出现故障时，能根据设计要求独立检修，直至系统正常工作。

二、项目介绍

★ 项目描述

在实际生产中，小功率电动机常采用直接启动的方法，操作简单方便。但是对于大功率电机，由于其瞬间启动电流较大，为防止对电网的冲击和影响其他用电设备的正常运行，要求采用降压启动。在三相异步电动机的降压启动控制电路中，星形-三角形降压启动控制电路是使用较多的一种降压启动电路。星形-三角形降压启动是指在电动机启动时，把定子绕组接成星形以降低启动电压，限制启动电流。电动机启动后，再把定子绕组接成三角形，使电动机全压运行。继电器接触器控制的三相异步电动机星形-三角形降压启动电气原理图如图 2-2-1 所示，图中各主要元器件的功能见表 2-2-1 所示。本项目要求用 PLC 实现三相异步电动机的星形-三角形降压启动控制。

★ 控制要求

（1）能够用按钮控制三相异步电动机的星形－三角形启动和停止。

（2）具有短路保护和过载保护等必要的保护措施。

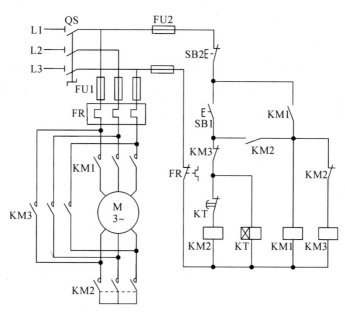

图 2-2-1　三相异步电动机星形-三角降压启动控制电路原理图

表 2-2-1　电动机正反转电路主要元器件及其在电路中的功能

代　号	名　称	用　途
KM1	交流接触器	电源引入
KM2	交流接触器	星形控制
KM3	交流接触器	三角形控制
KT	时间继电器	三角形启动控制
SB1	星形启动按钮	星形启动控制
SB2	停止按钮	停止控制
FR	热继电器	过载保护

三、相关知识

(一) 定时器(T)的应用

PLC 中的定时器 T 相当于继电接触控制系统中的通电延时型时间继电器，它可以提供无限对常开/常闭延时触点。定时器采用 T 与十进制数共同组成编号，如 T0、T200、T245 等。编程时，其线圈仍由 OUT 指令驱动，但用户必须设置其设定值。

FX$_{3U}$ 系列 PLC 的定时器可以分为通用定时器和积算定时器两种。它们是通过对一定周期的时钟脉冲计数实现定时的，时钟脉冲的周期有 1 ms、10 ms、100 ms 三种，当计数值达到设定值时触点动作。

1. 通用定时器

通用定时器的编号为 T0-T245，共 246 点。通用定时器的特点是不具备断电保持功能，即当控制电路断开或停电时定时器复位，分为 100 ms 和 10 ms 两种。

1）通用定时器的定时分类

（1）100 ms 通用定时器。100 ms 通用定时器编号为 T0～T199，共 200 点，定时单位为 0.1 s，其中 T192～T199 为子程序和中断服务程序专用定时器。这类定时器是对 100 ms 时钟累积计数，设定值为 K1～K32767（K 表示十进制数），定时范围为 0.1～3276.7 s。

（2）10 ms 通用定时器。10 ms 通用定时器编号为 T200～T245，共 46 点，定时单位为 0.01 s，设定值为 K1～K32767（K 表示十进制数），定时范围为 0.01～327.67 s。

2）应用举例

图 2-2-2 为通用定时器应用举例。

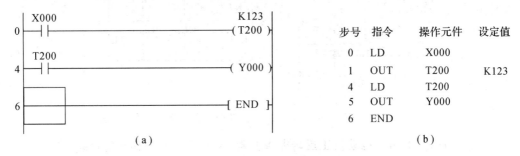

步号	指令	操作元件	设定值
0	LD	X000	
1	OUT	T200	K123
4	LD	T200	
5	OUT	Y000	
6	END		

（a）　　　　　　　　　　　　　　　（b）

图 2-2-2　通用定时器应用举例

在图 2-2-2 中，当输进 X0 接通时，定时器 T200 从 0 开始对 10 ms 时钟脉冲进行累积计数，当计数值与设定值 K123 相等时，定时器的常开接通 Y0，经过的时间为 123×0.01 s＝1.23 s。当 X0 断开后定时器复位，计数值变为 0，其常开触点断开，Y0 也随之断开。若外部电源断电，定时器也将复位。图 2-2-2 中各元件的动作时序图如图 2-2-3 所示。

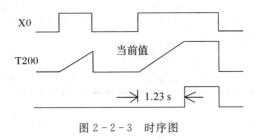

图 2-2-3　时序图

2. 积算定时器

积算定时器的编号为 T246-T255，共 10 点，具有计数累积的功能。在定时过程中假如 PLC 断电或定时器线圈"OFF"，它将保持当前的计数值（当前值），通电或定时器线圈"ON"后继续累积计时，即其当前值具有保持功能，只有将积算定时器复位，当前值才变为 0。积算定时器分 1 ms 和 100 ms 两种。

1）积算定时器的定时分类

（1）1 ms 积算定时器。1 ms 积算定时器编号为 T246～T249，共 4 点，定时单位为 0.001 s，设定值为 K1～K32767（K 表示十进制数），定时范围为 0.001～32.767 s。

（2）100 ms 积算定时器。100 ms 积算定时器编号为 T250～T255，共 6 点，定时单位为

0.1 s，设定值为 K1～K32767(K 表示十进制数)，定时范围为 0.1～3276.7 s。

2）应用举例

图 2-2-4 为积算定时器应用举例。

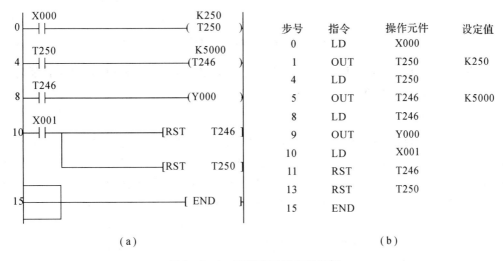

（a）   （b）

图 2-2-4 积算定时器应用举例

当 X0 接通时，T250 当前值计数器开始累积 100 ms 的时钟脉冲的个数。当 X0 经 t0 时间后断开，而 T250 尚未计数到设定值 K250，其计数将当前值保存。当 X0 再次接通，T250 从当前保存值开始继续累积计时，经过 t1 时间，当前值达到 K250 时，定时器的触点动作。累积的时间为 t0＋t1＝0.1×250＝25 s。当 T250 计时时间到时，T246 当前值计数器开始累积 1 ms 的时钟脉冲的个数，当前值达到 K5000 时，定时器触点动作，接通 Y0。当 X1 接通时，定时器 T250 和 T246 才复位，当前值变为 0，T250 和 T246 触点也跟随复位。图 2-2-4 中各元件的动作时序图如图 2-2-5 所示。

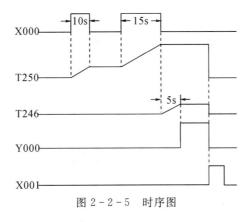

图 2-2-5 时序图

3. 定时器的应用

1）断电延时电路

三菱 FX$_{3U}$ 系列 PLC 的定时器只有通电延时功能，如果要实现断电延时功能就必须通过断电延时电路，如图 2-2-6 所示。

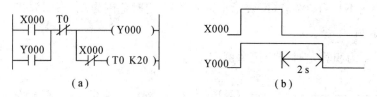

图 2-2-6　2 s 断电延时电路

当 X000 接通时，Y000 接通；当 X000 断开时，定时器 T0 开始延时，2 s 后延时时间到，其常闭触点断开，Y000 断开。

2）定时关断电路

如图 2-2-7(a)、(b)所示，当 X000 接通时，Y000 接通，同时定时器 T0 开始延时；3 s 后(X000 已断开)延时时间到，T0 常闭触点断开，Y000 和 T0 断开。这里 X000 接通的时间不能超过 T0 的延时时间，否则 3 s 后 T0 断开，其常闭触点闭合复位，Y000 又接通了，如果将图 2-2-7(a)改成图 2-2-7(c)就没有问题了。

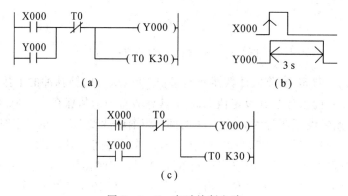

图 2-2-7　定时关断电路

3）定时器与定时器串级电路

定时器的延时时间受设定值范围的限制最多延时 3276.7 s，如果需要更长的延时功能，可以通过定时器与定时器串级电路来实现，如图 2-2-8 所示。

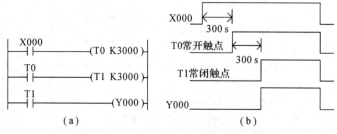

图 2-2-8　定时器与定时器串联电路

4）闪烁电路

在 PLC 控制中经常需要用到接通和断开时间比例固定的交替信号，可以通过特殊辅助继电器 M8013(1 s 钟时钟脉冲)等来实现，但是这种脉冲脉宽不可调整，可以通过下面的电路来实现脉宽可调的闪烁电路，如图 2-2-9 所示。

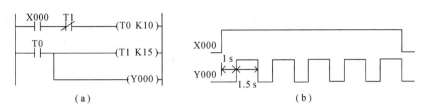

图 2-2-9　闪烁电路

（二）计数器（C）的应用

前面讲过计数器（C）在程序中用作计数控制，FX$_{3U}$系列 PLC 的计数器共有两种：内部信号计数器和高速计数器。内部信号计数器又分为两种：16 位递加计数器和 32 位增/减计数器。通用计数器用于记录变化较缓慢的信号变化，这类信号的频率比 PLC 的扫描频率低，当信号频率比较高时，应使用高速计数器记录频率较快的信号变化。

1. 定时器与计数器串级电路

除了定时器与定时器串级电路之外，还可以通过定时器与计数器串级电路来扩展延时时间，如图 2-2-10 所示。

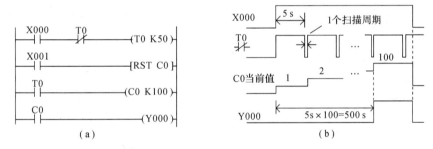

图 2-2-10　定时器与计数器串级电路

图 2-2-10 中，定时器 T0 每过 5 s 给计数器 C0 发送一个计数脉冲，当 C0 计数当前值达到 100 时，其常开触点接通 Y000，此时共延时了 5 s×100＝500 s。

2. 累加计数器电路

类似于定时器与定时器串级扩展定时范围的方法，可以通过两个计数器串级使用来扩展计数范围，如图 2-2-11 所示。

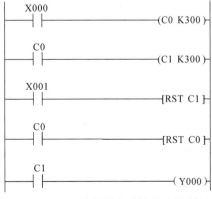

图 2-2-11　计数器串联扩展计数范围

图 2-2-11 中，计数器对计数脉冲 X000 计数，在当前计数值到达 300 时，C0 常开触点闭合，计数器 C1 当前值加 1，而 C0 的常开触点将自身复位又重新计数。这样，计数器 C0 每计 300 个数，计数器 C1 计 1 个数，当计数器 C1 的当前计数值等于 300 时，C1 常开触点闭合，接通 Y000。从对 X000 开始计数到 Y000 接通，X000 一共产生了 $300 \times 300 = 90000$ 个计数脉冲。

（三）堆栈指令 MPS、MRD、MPP

堆栈指令用于多重输出电路，主要有进栈 MPS、出栈 MPP、读栈 MRD 三条指令。

MPS：进栈指令。把中间运算结果送入堆栈的第一个堆栈单元（栈顶），同时让堆栈中原有的数据顺序下移一个堆栈单元。

MRD：读栈指令。将堆栈存储器的第一层数据（最后进栈的数据）读出，且该数据继续保存在堆栈存储器的第一层，栈内的数据维持原状。

MPP：出栈指令。将堆栈存储器的第一层数据（最后进栈的数据）读出，且该数据从栈中消失，同时将栈中其他数据一次上移。

1. 堆栈指令的功能及原理

FX 系列 PLC 中有 11 个栈存储器，用来存储运算的中间结果，遵循"先进后出、后进先出"的原则，工作过程如图 2-2-12 所示。

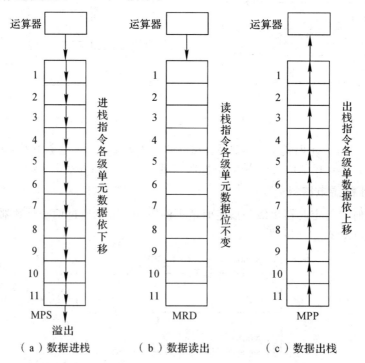

图 2-2-12 堆栈指令工作过程

2. 堆栈指令的应用举例及说明

1）应用举例

MPS、MRD、MPP 这组指令的功能是将连接点的结果存储起来，以方便连接点后面电路的编程。如图 2 - 2 - 13 所示。

（1）MPS、MRD、MPP 指令无操作软元件。

（2）MPS、MPP 指令可以重复使用。但是连续使用不能超过 11 次，且两者必须成对使用，缺一不可，MRD 指令有时可以不用。

（3）MRD 指令可多次连续重复使用，但不能超过 24 次。

（4）MPS、MRD、MPP 指令之后若有单个常开或者常闭触点串联，则应该使用 AND 或 ANI 指令。

（5）MPS、MRD、MPP 指令之后若有触点组成的电路块串联，则应该使用 ANB 指令。

（6）MPS、MRD、MPP 指令之后若无触点串联，直接驱动线圈，则应该使用 OUT 指令。

（7）指令使用可以有多层堆栈。

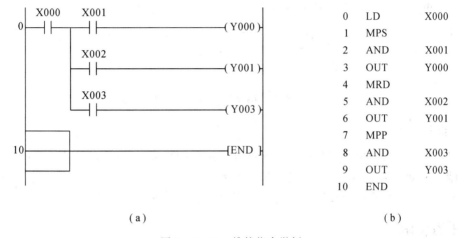

（a）　　　　　　　　　　　　　　　　　　（b）

图 2 - 2 - 13　堆栈指令举例

MPS、MRD、MPP 指令应用举例的梯形图及指令如图 2 - 2 - 14、图 2 - 2 - 15 所示。

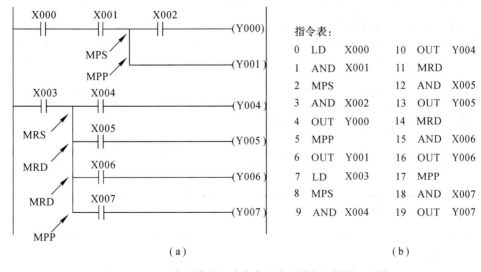

（a）　　　　　　　　　　　　　　　　　　（b）

图 2 - 2 - 14　多重输出电路指令的应用举例：简单 1 层栈

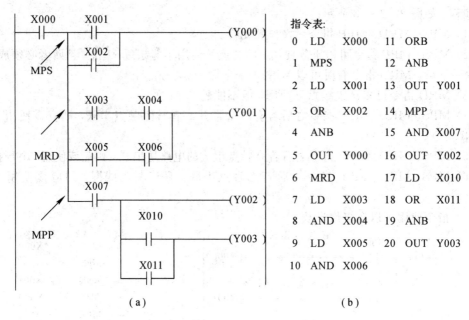

指令表:

0 LD X000	11 ORB
1 MPS	12 ANB
2 LD X001	13 OUT Y001
3 OR X002	14 MPP
4 ANB	15 AND X007
5 OUT Y000	16 OUT Y002
6 MRD	17 LD X010
7 LD X003	18 OR X011
8 AND X004	19 ANB
9 LD X005	20 OUT Y003
10 AND X006	

（a）　　　　　　　　　　　　　（b）

图 2-2-15　多重输出电路指令的应用举例：复杂 1 层栈

2）指令说明

图 2-2-13 是一个利用堆栈指令进行分支执行的程序。利用 MPS 指令，存储运算的中间结果，在驱动输出 Y0 后，通过 MRD 指令读取存储的中间结果，然后进行 Y1 的逻辑控制，最后通过 MPP 指令读取后并清除了存储的中间结果，进行 Y3 的逻辑控制。

四、任务实施

1. 输入/输出分配表

三相异步电动机星形-三角形降压启动控制电路的输入/输出分配见表 2-2-2。

表 2-2-2　三相异步电动机星形-三角形降压启动控制电路输入/输出分配表

输　入			输　出		
输入设备	代号	输入点编号	输出设备	代号	输出点编号
停止按钮（常开）	SB1	X001	主电源接触器	KM1	Y001
停止按钮	SB2	X002	星形连接接触器	KM2	Y002
			三角连接接触器	KM3	Y003

2. 输入/输出接线图

用三菱 FX$_{3U}$ 型 PLC 实现三相异步电动机星形-三角形降压启动控制的输入/输出接线，如图 2-2-16 所示。

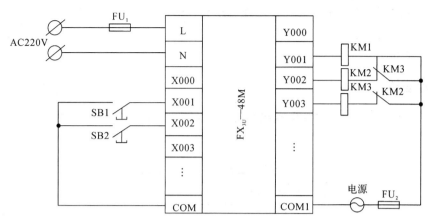

图 2-2-16　三相异步电动机星形-三角形降压启动控制的输入/输出接线图

3. 编写梯形图程序

PLC 控制电动机星形-三角形降压启动控制的思想来源于继电器控制电路的分析,结合电路的基本控制原理来进行程序的设计,根据三相异步电动机星形-三角形降压启动运转的控制要求,编写梯形图程序如图 2-2-17 所示。按下启动按钮 SB1,接触器 KM1、KM2 得电并自锁,同时定时器得电计时,定时时间到时,接触器 KM2 失电,KM3 得电自锁,同时切除定时器,按下停止按钮 SB2,电动机停止运行。

图 2-2-17　三相异步电动机星形-三角形降压启动控制梯形图程序

4. 系统调试

(1)在断电状态下,连接好 PC/PPI 电缆。

(2)将 PLC 运行模式选择开关拨到"STOP"位置,此时 PLC 处于停止状态,可以进行程序编写。

(3)在作为编程器的计算机上,运行 GX Developer 编程软件。

(4)将图 2-2-17 所示的梯形图程序输入到计算机中。

(5)将程序文件下载到 PLC 中。

(6)将 PLC 运行模式的选择开关拨到"RUN"位置,使 PLC 进入运行方式。

(7)在教师的现场监护下进行通电调试,验证系统功能是否符合控制要求。

（8）如果出现故障，应分别检查硬件接线和梯形图程序是否有误，修改完成后应重新调试，直至系统能够正常工作。

（9）记录程序调试的结果。

五、拓展训练

如图 2-2-18 所示，根据电动机星形-三角形换接启动时序图。试设计梯形图并上机调试。

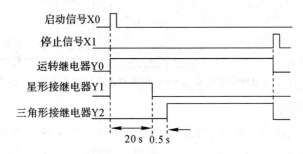

图 2-2-18　电动机星形-三角形换接启动时序图

六、巩固与提高

（1）根据图 2-2-17 给出的梯形图写出指令表。

（2）试编写单个按钮控制三相异步电动机启停的梯形图和指令程序。

（3）试编写一个对锅炉鼓风机和引风机进行控制的梯形图和指令程序。控制要求为：开机时首先启动引风机，10 s 后自动启动鼓风机，停止时，立即关断鼓风机，经 20 s 后自动关断引风机。

项目三　抢答器控制系统设计与调试

一、学习目标

★知识目标

（1）掌握三菱 FX_{3U} 系列 PLC 的基本逻辑指令系统。

（2）掌握辅助继电器、置位与复位指令、主控与主控复位指令的应用。

★能力目标

（1）通过本项目的实训和操作，能够正确编写、输入和传输抢答器的 PLC 控制程序。

（2）能够独立完成三路抢答器 PLC 控制线路的安装。

（3）按规定进行通电调试，出现故障时，能根据设计要求独立检修，直至系统正常工作。

二、项目介绍

★ 项目描述

抢答器是各种竞赛活动中不可缺少的设备，无论是学校、企业、部队还是益智性电视节目，都会举办各种各样的智力竞赛，并用到抢答器。目前市场上已有的智力竞赛抢答器的功能越来越多，有的已具有倒计时、定时、屏幕显示、按键发光灯等多种功能，本项目要利用 PLC 作为核心部件进行逻辑控制及信号产生，并借助 PLC 本身的优势使竞赛达到公正、公平、公开。

★ 控制要求

设计一个用 7 段数码管（LED）显示的 3 人智力竞赛抢答器，抢答器的外形结构如图 2-3-1 所示。

（1）抢答系统有一个总开关，启动后电源指示绿灯亮起并保持。

（2）共三组选手参赛，每组配备一个抢答按钮。

（3）主持人宣读题目后说"开始"，"开始/复位"指示灯亮起，方可抢答，否则无效。

（4）抢答过程中，1-3 组中的任何一组抢先按下各自的抢答按钮后，该组指示灯（L1、L2、L3）点亮，同时 LED 数码管显示当前的组号，并联锁其他参赛选手的电路，使其他组继续抢答无效。

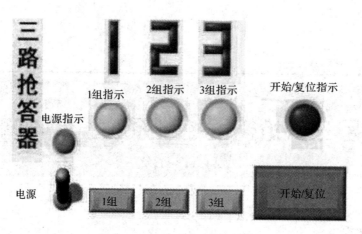

图 2-3-1　三路抢答器示意图

（5）回答完毕后，主持人可以将选手的指示灯复位，同时"开始/复位"指示灯复位，准备下一轮抢答。

三、相关知识

（一）辅助继电器（M）

1. 辅助继电器（M）的功能和编号

1）辅助继电器功能

基本控制原理为：输入继电器 X 通过程序驱动辅助继电器 M，由辅助继电器 M 去控制输出继电器 Y，如图 2-3-2 梯形图所示。输入继电器 X0 通过程序驱动辅助继电器 M0，输入继电器 X2 驱动辅助继电器 M1，后由 M0 及 M1 控制输出继电器 Y0。辅助继电器 M 的应用举例如图 2-3-2 所示。

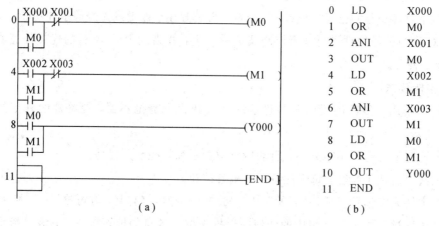

图 2-3-2　辅助继电器 M 的应用举例

2）辅助继电器编号

（1）PLC 内部有很多辅助继电器（M）。FX 系列 PLC 有 1024 个常用的辅助继电器和

256 个特殊用途的辅助继电器。

（2）辅助继电器的功能相当于各种中间继电器，可以由其他各种软元件驱动，也可驱动其他各种软元件。

（3）辅助继电器有常开和常闭两种触点，可以无数次的使用。

（4）辅助继电器的编号采用十进制进行编号。

2. 通用辅助继电器

FX 系列 PLC 通用辅助继电器的编号范围是 M0～M499 共 500 个点。通用辅助继电器在 PLC 运行时，如果电源突然断电，则全部线圈均失电，没有断电保护功能。通用辅助继电器常在逻辑运算中作为辅助运算、状态暂存、移位等功能使用，作用与继电器控制系统中的中间继电器相似。

3. 断电保持辅助继电器（M500～M1023）

FX 系列有 M500～M1023 共 524 个断电保持辅助继电器。它与普通辅助继电器不同的是具有断电保护功能，即能记忆电源中断电瞬时的状态，并在重新得电后恢复断电前的状态。

断电保持辅助继电器的应用举例如图 2-3-3 所示。

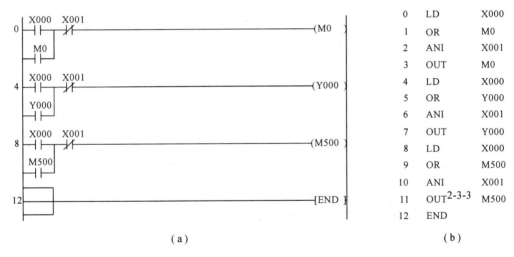

（a）　　　　　　　　　　　　　　　　（b）

图 2-3-3　断电保持辅助继电器的应用举例

在图 2-3-3 中，按下 X0，M0、Y0、M500 线圈均得电，若此时突然断电，则 M0、Y0、M500 线圈均失电；当重新来电 PLC 运行时，M0 和 Y0 线圈仍处于断开状态，但 M500 线圈将恢复成断电之前的状态。

（二）SET、RST（置位与复位）指令

1. 指令功能

SET：置位指令，使被操作的目标元件置位并保持。

RST：复位指令，使被操作的目标元件复位并保持清零状态。

2. 应用举例

SET、RST 指令应用举例的梯形图及指令如图 2-3-4 所示。

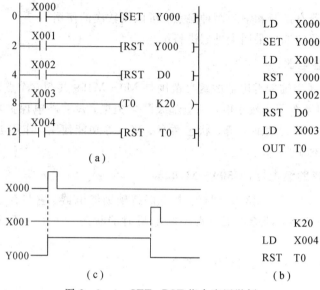

图 2-3-4 SET、RST 指令应用举例

当 X000 常开触点闭合时，Y000 变为"ON"状态并一直保持该状态，即使 X000 断开 Y000 的"ON"状态仍维持不变；只有当 X001 的常开触点闭合时，Y000 才变为"OFF"状态。

3. 指令使用说明

(1) SET 指令的目标元件为 Y、M、S；RST 指令的目标元件为 Y、M、S、T、C、D、V、Z。RST 指令常用来对 D、Z、V 的内容清零，还用来复位积算定时器和计数器。

(2) 对于同一目标元件，SET、RST 可多次使用，顺序也可随意，但最后执行者有效。

(3) 置位和复位条件同时满足时，复位优先。

(三) MC、MCR(主控与主控复位)指令

1. 指令功能

主控指令 MC 的功能：通过 MC 指令操作元件的常开触点将左母线移位，产生一根临时的左母线，形成主控电路模块。其操作元件分为两部分：一部分是主控标志 N0~N7，一定要从小到大使用；另一部分是具体的操作元件，可以是输出继电器 Y、辅助继电器 M，但不能是特殊功能辅助继电器。

主控复位指令 MCR 的功能：使主控指令产生的临时左母线复位，即左母线返回，结束主控电路模块。MCR 指令的操作元件是主控标志 N0~N7，且必须与主控指令相一致，返回时一定是从大到小的使用。

2. 应用举例

MC、MCR 指令应用举例的梯形图及指令如图 2-3-5 所示。

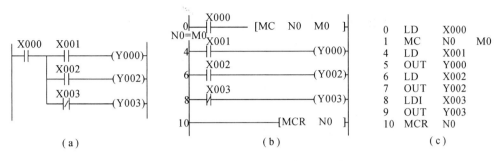

图 2-3-5　MC、MCR 指令应用举例

3. 指令使用说明

（1）MC、MCR 指令总是成对出现且编号相同。使用 MC 时，主控标志 N0～N7 必须顺序增加；使用 MCR 时逆序减小。

（2）在一对主控指令（MC、MCR）之间可以嵌套其他对主控指令，但不能产生交叉。主控嵌套不得超过 8 层，如图 2-3-6 所示。

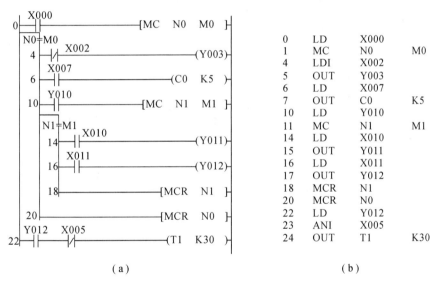

图 2-3-6　主控指令嵌套使用

（3）MC 指令不能直接从母线开始，必须要有控制触头。

（4）当预置触发信号断开时，在 MC 和 MCR 之间的程序只是处于停控状态，此时 CPU 仍然在扫描这段程序。

（四）七段数码管相关知识

LED 数码管由 7 段条形发光二极管和一个小圆点二极管组成，根据各段管的明暗可以显示 0～9 的 10 个数字和许多字符。7 段数码管的结构如图 2-3-7 所示，有共阴极和共阳极两种接法，本项目采用共阳极接法。

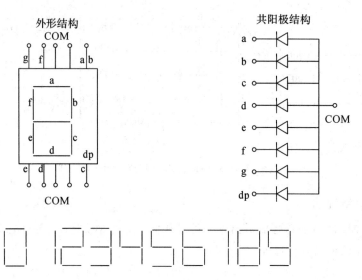

图 2 - 3 - 7　7 段数码管结构

在图 2 - 3 - 17 共阳极数码管中，数码管显示数字字符需要 7 个输出，每一个字符的输出又不一样，把每一组的状态转换成 LED 对应的输出，称为 LED 编码，如图 2 - 3 - 8 所示。表 2 - 3 - 1 所示为三路抢答器主要元器件及其 I/O 分配。

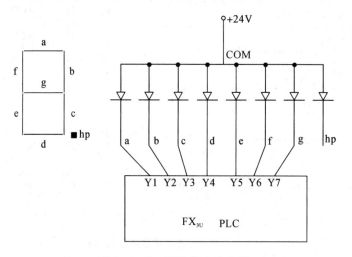

图 2 - 3 - 8　LED 输出对应图

表 2 - 3 - 1　三路抢答器主要元器件及其 I/O 分配

		a(Y1)	b(Y2)	c(Y3)	d(Y4)	e(Y5)	f(Y6)	g(Y7)
1组	M1							
2组	M2							
3组	M3							

四、任务实施

1. 输入/输出分配表

抢答器控制电路的输入/输出分配见表 2 - 3 - 2。

表 2 - 3 - 2　三路抢答器输入/输出分配表

输　入		输　出			
输入设备	输入点编号	输出设备	输出点编号	输出设备	输出点编号
电源按钮 SB1	X0	a	Y1	电源灯 L1	Y0
第一组抢答按钮 SB2	X1	b	Y2	复位灯(红)L2	Y10
第二组抢答按钮 SB3	X2	c	Y3	第一组指示灯 L3	Y11
第三组抢答按钮 SB4	X3	d	Y4	第二组指示灯 L4	Y12
复位按钮 SB5	X4	e	Y5	第三组指示灯 L5	Y13
		f	Y6		
		g	Y7		

2. 输入/输出接线图

用三菱 FX₃U 型 PLC 实现抢答器控制的输入/输出接线，如图 2 - 3 - 9 所示。

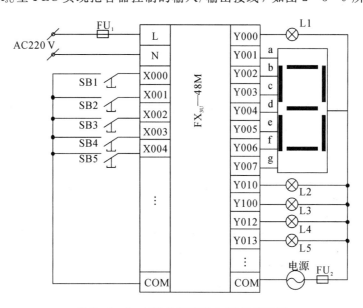

图 2 - 3 - 9　三路抢答器输入/输出接线图

3. 编写梯形图程序

根据抢答器系统的控制要求，编写梯形图程序，如图 2 - 3 - 10 所示。

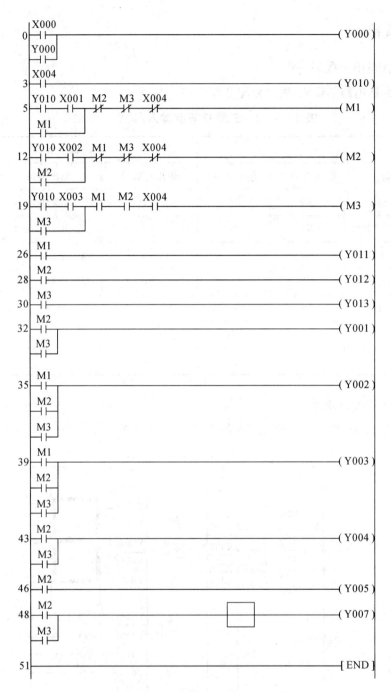

图 2-3-10　三路抢答器控制系统梯形图

4. 系统调试

（1）在断电状态下，连接好 PC/PPI 电缆。

（2）将 PLC 运行模式选择开关拨到"STOP"位置，此时 PLC 处于停止状态，可以进行程序编写。

（3）在作为编程器的计算机上，运行 GX Developer 编程软件。

（4）将图 2-3-10 所示的梯形图程序输入到计算机中。

（5）将程序文件下载到 PLC 中。

（6）将 PLC 运行模式的选择开关拨到"RUN"位置，使 PLC 进入运行方式。

（7）在教师的现场监护下进行通电调试，验证系统功能是否符合控制要求。

（8）如果出现故障，应分别检查硬件接线和梯形图程序是否有误，修改完成后应重新调试，直至系统能够正常工作。

（9）记录程序调试的结果。

五、拓展训练

用 SET 指令编写三路抢答器的 PLC 控制程序，安装接线并调试运行。

六、巩固与提高

（1）将图 2-3-11 所示各梯形图转化为指令表程序。

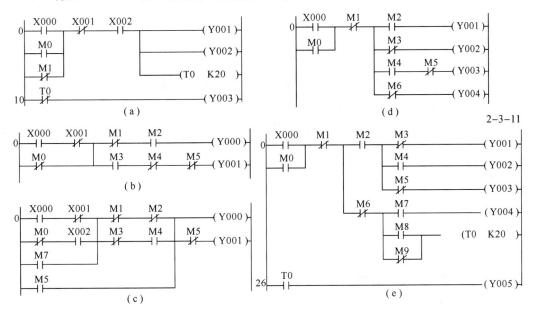

图 2-3-11 题 1 用图

（2）设计一个 8 路抢答器，SB0～SB7 为 8 只抢答器按钮，Y0～Y7 分别代表 8 只输出灯。当任何时候按下任何一个抢答按钮可进行抢答，抢答成功后，对应输出灯亮，此时再按其余 7 只按钮均无效，如果要清除按 SB9，方可进行新一轮抢答。

一、学习目标

★知识目标

（1）掌握三菱 FX_{3U} 系列 PLC 的取反指令、空操作指令、结束指令和脉冲微分指令，熟练掌握三菱 FX_{3U} 系列 PLC 定时器指令的应用。

（2）初步掌握运用基本指令编程的思想和方法。

★能力目标

（1）通过本项目的实训和操作，能够正确编写、输入和传输音乐喷泉 PLC 控制程序。

（2）能够独立完成音乐喷泉 PLC 控制线路的安装，将 PLC 与实际应用联系起来。

（3）按规定进行通电调试，出现故障时，能根据设计要求独立检修，直至系统正常工作。

二、项目介绍

★ 项目描述

文明城市的建设离不开各色喷泉的点缀，音乐喷泉作为一种独特的人工景观，其产生的景观效果非常美丽。本项目要求用 PLC 实现音乐喷泉的控制。

★ 控制要求

有 A、B、C 三组喷头，按下启动按钮后音乐响起，同时 A 组先喷 5 秒，之后 B、C 同时喷，5 秒后 B 停止，再过 5 秒 C 停止，然后 A、B 同时喷，再过 2 秒，C 也喷，最后 A、B、C 同时喷 5 秒后全部停止，3 秒钟后重复以上喷水顺序。当按下停止按钮后，音乐和喷头同时停止工作，音乐喷泉示意图如图 2-4-1 所示。

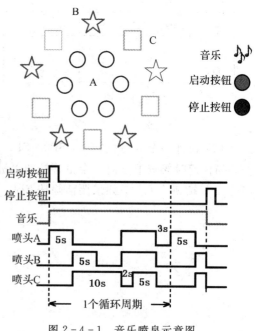

图 2-4-1　音乐喷泉示意图

三、相关知识

1. INV("/")取反指令

1）指令功能

"/"指令功能：将到该指令处前端的运算结果取反。

2）程序举例

"/"指令应用举例如图 2-4-2 所示。

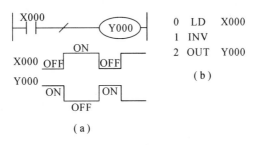

图 2-4-2 INV 指令应用举例

图 2-4-2 中当 X000 接通，经 INV 指令取反运算后 Y000 断开；当 X000 断开，经 INV 指令取反运算后 Y000 接通。

3）指令使用说明

(1) INV 指令是将 INV 指令执行之前的结果取反，该指令不需要指定特定的软元件。

(2) 使用 INV 指令编程时，可以在 AND 或 ANI，ANDP 或 ANDF 指令的位置后编程，也可以在 ORB、ANB 指令后编程，但不能像 OR、ORI、ORP、ORF 指令那样单独并联使用，也不能像 LD、LDI、LDP、LDF 那样直接与左母线相连。

2. NOP(空操作)指令

1）指令功能

NOP 指令功能：不产生实质性操作。

2）程序举例

NOP 指令应用举例的梯形图及指令如图 2-4-3 所示。

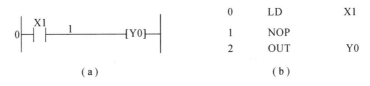

图 2-4-3 NOP 指令应用举例

3）指令使用说明

在程序中插入空操作指令可对程序进行分段，使程序在检查或修改时易读。当插入 NOP 指令时，程序的容量稍有增加，但对逻辑运算结果无影响。

3. END(程序结束)指令

1) 指令功能

END 指令功能：为程序结束指令。

2) 程序举例

END 指令应用举例的梯形图及指令如图 2-4-4 所示。

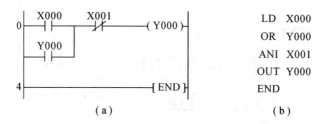

图 2-4-4　END 指令应用举例

3) 指令使用说明

(1) PLC 在执行程序时，当执行到 END 指令时，不再扫描和执行 END 指令后面的程序，即结束程序的扫描和执行，转入到输出处理阶段。如果在程序中没有 END 指令，则 PLC 从用户程序的第 0 步扫描执行到程序存储器的最后一步。

(2) 在程序调试时，可在程序中插入若干 END 指令，将程序划分若干段，在确定前面程序段无误后，依次删除 END 指令，直至调试结束。

4. 脉冲微分指令 PLS、PLF

1) 指令功能

(1) 脉冲上升沿微分指令 PLS 的功能：在输入信号的上升沿产生一个周期的脉冲输出。

(2) 脉冲下升沿微分指令 PLF 的功能：在输入信号的上升沿产生一个周期的脉冲输出。

(3) 操作元件：输出继电器 Y、辅助继电器 M、但不能是特殊辅助继电器。

2) 程序举例

PLS 和 PLF 指令应用举例的梯形图及指令如图 2-4-5 和图 2-4-6 所示，

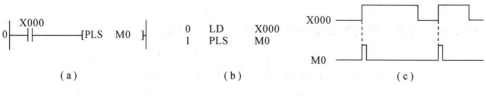

图 2-4-5　PLS 指令的使用

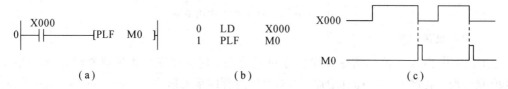

图 2-4-6　PLF 指令的使用

3）指令使用说明

（1）PLS、PLF 指令的目标元件为 Y 和 M。

（2）使用 PLS 时，仅在驱动输入为"ON"后的一个扫描周期内目标元件为"ON"状态，如图 2-4-5 所示，即 M0 仅在 X000 的常开触点由断开到接通时的一个扫描周期内为"ON"状态；使用 PLF 指令时只是利用输入信号的下降沿驱动，其他与 PLS 相同。

（3）PLS 指令与 LDP、ANDP、ORP 等效，PLF 指令与 LDF、ANDF、ORF 等效。

四、任务实施

1. 输入/输出分配表

音乐喷泉控制电路的输入/输出分配见表 2-4-1。

表 2-4-1　音乐喷泉控制电路输入/输出分配表

输　入			输　出		
输入设备	代号	输入点编号	输出设备	代号	输出点编号
启动按钮	SB1	X000	音乐控制器	FM	Y000
停止按钮	SB2	X001	控制喷头 A 喷水电磁阀	KV1	Y001
			控制喷头 B 喷水电磁阀	KV2	Y002
			控制喷头 C 喷水电磁阀	KV3	Y003

2. 输入/输出接线图

用三菱 FX$_{3U}$ 型 PLC 实现音乐喷泉控制的输入/输出接线，如图 2-4-7 所示。

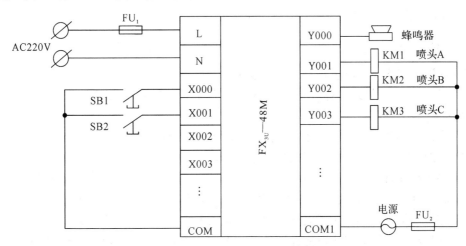

图 2-4-7　音乐喷泉控制系统的输入/输出接线图

3. 编写梯形图程序

根据音乐喷泉的控制要求，编写梯形图程序如图 2-4-8 所示。

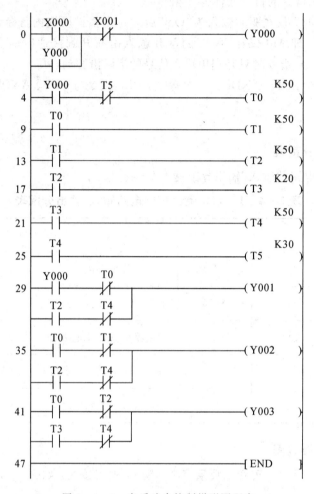

图 2-4-8 音乐喷泉控制梯形图程序

4. 系统调试

（1）在断电状态下，连接好 PC/PPI 电缆。

（2）将 PLC 运行模式选择开关拨到"STOP"位置，此时 PLC 处于停止状态，可以进行程序编写。

（3）在作为编程器的计算机上，运行 GX Developer 编程软件。

（4）将图 2-4-8 所示的梯形图程序输入到计算机中。

（5）将程序文件下载到 PLC 中。

（6）将 PLC 运行模式的选择开关拨到"RUN"位置，使 PLC 进入运行方式。

（7）在教师的现场监护下进行通电调试，验证系统功能是否符合控制要求。

（8）如果出现故障，应分别检查硬件接线和梯形图程序是否有误，修改完成后应重新调试，直至系统能够正常工作。

（9）记录程序调试的结果。

五、拓展训练

有 6 盏灯，按下启动按钮后，按顺序依次亮，间隔为 2 s，等 6 盏灯全亮以后，再以相同的顺序依次熄灭，间隔同样为 2 s。6 盏灯全亮时，按下停止按钮后所有灯立即熄灭，否则一直按上述规律循环点亮、熄灭。按要求进行设计，并安装调试。

六、巩固与提高

(1) 根据图 2-4-8 给出的梯形图写出指令表。

(2) 按图 2-4-9 所示功能要求用 PLC 的内部定时器设计一个延时电路。

① 当 X000 接通时，Y000 延时 10 s 后才接通。

② 当 X000 断开时，Y000 延时 5 s 后才断开。

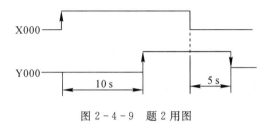

图 2-4-9 题 2 用图

(3) 试编写如下程序：合上运行开关后，Y0～YF 输出继电器以 2 s 的间隔从左向右依次逐个输出，再以 1 s 的间隔从右向左依次逐个输出，如此循环 3 次后自动停止。

项目五 四节传送带运输机的传送系统设计与调试

一、学习目标

★知识目标

（1）了解三菱 FX$_{3U}$ 系列 PLC 中特殊辅助继电器的特殊功能。

（2）能熟练地运用三菱 FX$_{3U}$ 系列 PLC 的基本指令系统进行编程。

★能力目标

（1）通过本项目的实训和操作，能够正确编写、输入和传输四节传送带运输机的 PLC 控制程序。

（2）能够独立完成四节传送带运输机的 PLC 控制线路的安装。

（3）按规定进行通电调试，出现故障时，能根据设计要求独立检修，直至系统正常工作。

二、项目介绍

★ 项目描述

如图 2-5-1 所示，有一个用四条传送带运输机的传送系统，分别用四台电动机驱动。

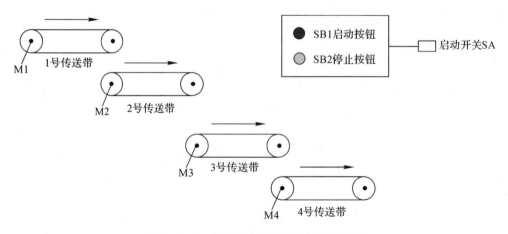

图 2-5-1 四节传送带运输机的传送系统

★ 控制要求

（1）系统由传动电机 M1、M2、M3、M4，故障设置开关 A、B、C、D 组成，完成物料的运送、故障停止等功能。

（2）闭合"启动"开关，首先启动最末一条传送带（电机 M4），每经过 1 秒延时，依次启动另一条传送带（电机 M3、M2、M1）。

（3）当某条传送带发生故障时，该传送带及其前面的传送带立即停止，而该传送带以后的待运完货物后方可停止。例如 M2 存在故障，则 M1、M2 立即停止，经过 1 秒延时后，M3 停止，再过 1 秒，M4 停止。

（4）排出故障，打开"启动"开关，系统重新启动。

（5）关闭"启动"开关，先停止最前一条传送带（电机 M1），待料运送完毕后再依次停止 M2、M3 及 M4 电机。

三、相关知识

（一）常用基本电路的编程

1. 计时电路

（1）得电延时闭合。

图 2-5-2 所示梯形图中，当 X000 为"ON"时，其常开触点闭合，辅助继电器 M0 接通并自保，同时 T0 开始计时，20×100 ms $= 2$ s 后，T0 常开触点闭合，Y000 得电动作。

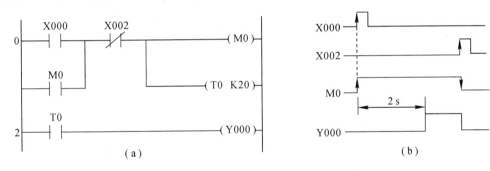

图 2-5-2　得电延时闭合电路梯形图及时序图

（2）失电延时断开。

图 2-5-3 所示梯形图中，当 X000 为"ON"时，其常开触点闭合，Y000 接通并自保；当 X000 断开时，定时器 T0 开始得电延时，当 X000 断开的时间达到定时器的设定时间 10×100 ms $= 1$ s 时，Y000 才由"ON"变为"OFF"，实现失电延时断开。

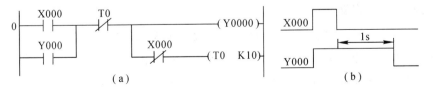

图 2-5-3　失电延时断开电路梯形图及时序图

（3）长时间计时电路。

① 定时器与定时器串级使用：FX$_{3U}$ 系列 PLC 定时器的延时都有一个最大值，如 100 ms 的定时器最大延时时间为 3276.7 s。若工程中所需要的延时大于选定的定时器的最大值，则可采用多个定时器串级使用进行延时，即先启动一个定时器计时，延时到时，用第一个定时器的常开触点启动第二个定时器延时，再使用第二个定时器启动第三个，如此下去，用最后一个定时器的常开触点去控制被控对象，最终的延时为各个定时器的延时之和，如图 2-5-4 所示。

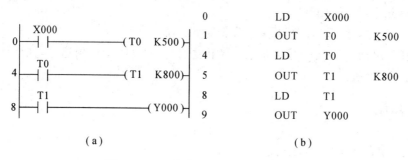

0	LD	X000
1	OUT	T0 K500
4	LD	T0
5	OUT	T1 K800
8	LD	T1
9	OUT	Y000

（a）　　　　　　　　　　　　（b）

图 2-5-4　定时器与定时器串级使用

② 定时器与计数器串级使用：采用计数器配合定时器也可以获得较长时间的延时，如图 2-5-5 所示。当 X000 保持接通时，电路工作，定时器 T0 线圈的前面接有定时器 T0 的延时断开的常闭触点，它使定时器 T0 每隔 200 s 复位一次。同时，定时器 T0 延时闭合的常开触点每隔 200 s 接通一个扫描周期，使计数器 C1 计数一次。当 C1 计数到设定值 8 时，将被控对象 Y000 接通，其延时为定时器的设定时间乘以计数器的设定值，即 t＝200 s×8＝1600 s。

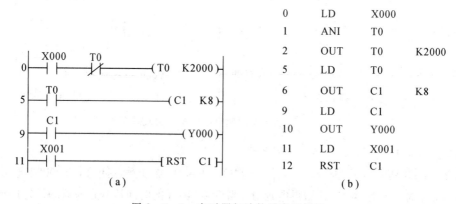

0	LD	X000	
1	ANI	T0	
2	OUT	T0	K2000
5	LD	T0	
6	OUT	C1	K8
9	LD	C1	
10	OUT	Y000	
11	LD	X001	
12	RST	C1	

（a）　　　　　　　　　　　　（b）

图 2-5-5　定时器与计数器串级使用

2. 大容量计数电路

FX$_{3U}$ 系列 PLC 的 16 位计数器的最大值计数次数为 32767。若工程中所需要的计数次数大于计数器的最大值，则可以采用 32 位计数器，也可采用多个计数器设定值相加串级计数，或采用两个计数器的设定值相乘计数，从而获得较大的计数次数。

（1）多个计数器相加串级。

采用多个计数器设定值相加串级计数，就是先用计数脉冲启动一个计数器计数，计数次数到时，用第一个计数器的常开触点和计数脉冲串联启动第二个计数器计数，再使用第二个计数器启动第三个，如此下去，用最后一个计数器的常开触点去驱动被控对象，最终的计数次数为各个计数器的设定值之和，若 n 个计数器串级，其最大计数值为 $32767 \times n$（次）。图 2-5-6 所示梯形图中，得到的计数值为 $500+600=1100$ 次。

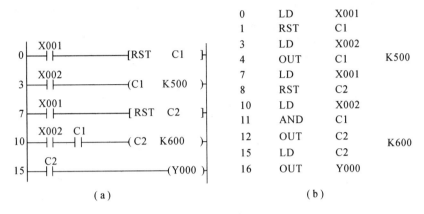

图 2-5-6 两个计数器相加串级

（2）多个计数器相乘串级。

采用多个计数器的设定值相乘计数，即第一个计数器 C1 对输入脉冲进行计数，第二个计数器 C2 对第一个计数器 C1 的脉冲进行计数，当 C1 计到设定值时，计数器 C1 的常开触点又复位计数器 C1 的线圈，计数器 C1 又开始计数，再使用第二个计数器计到设定值时，启动第三个，如此下去，用最后一个计数器的常开触点去驱动控制对象，最终的计数次数为各个计数器的设定值之积。若 n 个计数器相乘串级，其最大计数值为 32767^n 次。图 2-5-7所示梯形图中，得到的计数值为 $500 \times 600=300000$ 次。

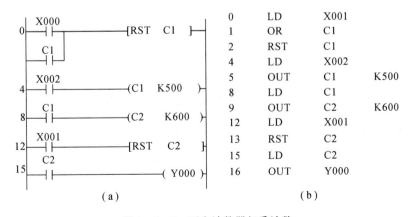

图 2-5-7 两个计数器相乘计数

3. 振荡电路

振荡电路可以产生特定的通断时序脉冲，它应用在脉冲信号源或闪光报警电路中。

（1）定时器组成的振荡电路。定时器组成的振荡电路如图 2-5-8（先断后通）和图 2-5-9（先通后断）所示，改变 T0、T1 的参数值，可以调整 Y000 输出脉冲宽度。

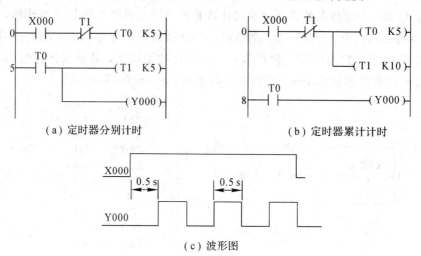

（a）定时器分别计时　　　　　　　　　　（b）定时器累计计时

（c）波形图

图 2-5-8　定时器组成的振荡电路（先断开通）梯形图和输出波形

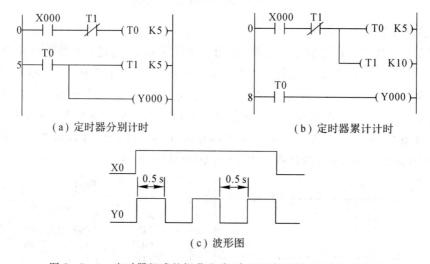

（a）定时器分别计时　　　　　　　　　　（b）定时器累计计时

（c）波形图

图 2-5-9　定时器组成的振荡电路（先通后断）梯形图和输出波形

（2）应用特殊辅助继电器 M8013 时钟脉冲产生振荡电路。如图 2-5-10 所示，M8013 为 1 s 的时钟脉冲，所以 Y000 输出脉冲宽度也是 0.5 s。

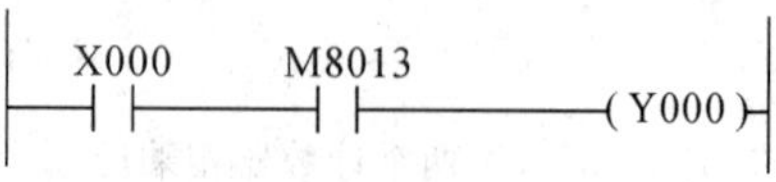

图 2-5-10　应用特殊辅助继电器 M8013 产生的振荡电路梯形图

4. 分频电路

用 PLC 可以实现对输入信号进行分频。图 2-5-11(a)为脉冲二分频电路的梯形图程序，从图中可见，在第一个扫描周期中，将输入脉冲信号加入 X001 端，辅助继电器 M1 线圈接通一个扫描周期 T，使 Y002 线圈接通并自保。经一个扫描周期后，在第二个扫描周期内，第二个输入脉冲来到时，辅助继电器 M1 接通，M1 常开触点使线圈 Y001 接通，Y001 常闭触点断开，使线圈 Y002 断电。上述过程循环往复，使输出 Y002 的频率为输入端信号 X001 的频率的一半，实现了 Y002 输出波形为 X001 输入波形的二分频，二分频的电路时序图如图 2-5-11(b)所示。

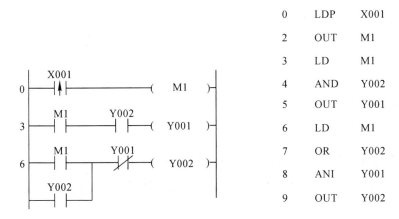

（a）梯形图和指令程序

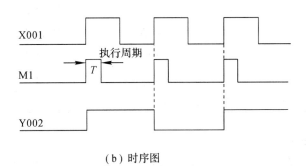

（b）时序图

图 2-5-11　二分频电路的梯形图、指令程序和时序图

(二)"顺序启动逆序停止"程序的编写

本项目要求闭合"启动"开关后，首先启动最末一条传送带(电机 M4)，经过 1 秒延时，依次启动另一条传送带(电机 M3)，以此类推，最后启动电机 M1。停止时，先停止最前一条传送带(电机 M1)，待料运送完毕后再依次停止 M2、M3 及 M4 电机。此控制要求就是典型的"顺序启动逆序停止"控制系统，编写此类程序时可以由定时器来实现，参考程序如图 2-5-12 所示。

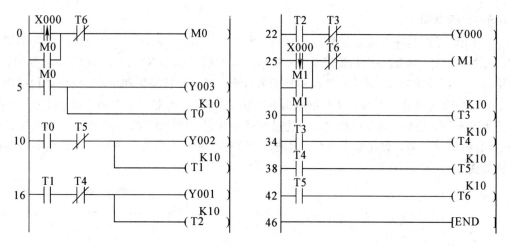

图 2-5-12　顺序启动逆序停止梯形图

四、任务实施

1. 输入/输出分配表

四节传输带运输机传送系统的输入/输出分配见表 2-5-1。

表 2-5-1　四节传输带运输机传送系统的输入/输出分配表

输　入			输　出		
输入设备	代号	输入点编号	输出设备	代号	输出点编号
启动开关	SA	X000	1号传输带运输机的控制接触器	KM1	Y000
传送带 A 故障模拟	A	X001	2号传输带运输机的控制接触器	KM2	Y001
传送带 B 故障模拟	B	X002	3号传输带运输机的控制接触器	KM3	Y002
传送带 C 故障模拟	C	X003	4号传输带运输机的控制接触器	KM4	Y003
传送带 D 故障模拟	D	X004			

2. 输入/输出接线图

用三菱 FX$_{3U}$ 型可编程控制器实现四节传输带运输机传送控制的输入/输出接线，如图 2-5-13 所示。

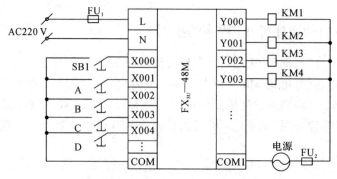

图 2-5-13　四节传输带运输机传送控制的输入/输出接线图

3. 编写梯形图程序

根据四节传输带控制系统的控制要求,可参考图2-5-14所示流程图进行编程,参考梯形图程序如图2-5-15所示。

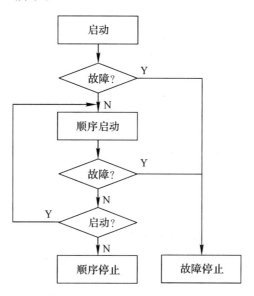

图2-5-14　四节传送带控制系统程序编写流程图

图 2-5-15 四节传送带控制系统梯形图

4. 系统调试

（1）在断电状态下，连接好 PC/PPI 电缆。

（2）将 PLC 运行模式选择开关拨到"STOP"位置，此时 PLC 处于停止状态，可以进行程序编写。

（3）在作为编程器的计算机上，运行 GX Developer 编程软件。

（4）将图 2-5-15 所示的梯形图程序输入到计算机中。

（5）将程序文件下载到 PLC 中。

（6）将 PLC 运行模式的选择开关拨到"RUN"位置，使 PLC 进入运行方式。

（7）在教师的现场监护下进行通电调试，验证系统功能是否符合控制要求。

（8）如果出现故障，应分别检查硬件接线和梯形图程序是否有误，修改完成后应重新调试，直至系统能够正常工作。

（9）记录程序调试的结果。

五、拓展训练

某车间运料传输带分为三段，由三台电动机分别驱动，其示意图如图 2-5-16 所示。

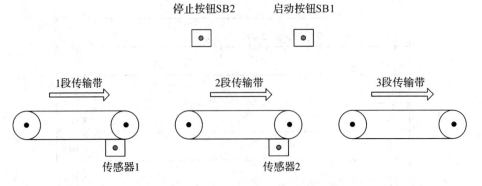

图 2-5-16 某车间运料传输带示意图

为了节省能源,设计时使载有物品的传输带运行,没载物品的传输带停止运行,但要保证物品在整个运输过程中连续地从上段运输到下段。根据上述控制要求,采用传感器来检测被运物品是否接近两段传输带的结合部,并用该检测信号启动下一传输带的电动机,当下段电动机启动 2 s 后停止上段的电动机。

试设计程序,完成该控制要求:

(1) 进行 PLC 资源分配,列出分配表,画出外部接线图。

(2) 根据接线图和功能要求,设计程序。

(3) 安装接线并调试运行。

六、巩固与提高

(1) 多节皮带输送机示意图如图 2-5-17 所示。

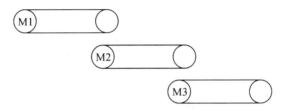

图 2-5-17　多节传输带输送机示意图

控制要求如下:

① 按启动按钮,电动机 M3 启动 2 s 后 M2 自动启动,M2 启动 2 s 后 M1 自动启动。

② 按停止按钮,电动机 M1 停车 3 s 后 M2 自动停车,M2 停车 3 s 后 M3 自动停车。

③ 当 M2 异常停车时,M1 也跟着立即停车,3 s 后 M3 自动停车。

④ 当 M3 异常停车时,M1 和 M2 也跟着立即停车。

根据控制要求,设计 PLC 控制系统,并上机调试。

(2) 有两组灯分别为 A 组 Y0~Y3,B 组 Y4~Y7。当按下 SB1 后,A 组灯逐步点亮(后亮前保持),速率为 1.5 s/步,直至全部点亮。同时(即按下 SB1 后)B 组灯依次点亮(后亮前灭),速率为 1 s/步,当 B 组灯运行 2 次循环后(即 Y7 第二次点亮延时 1 s 后),A 组与 B 组的所有灯作 1 s 亮/0.5 s 灭闪亮,任何时候按 SB2 所有灯全部熄灭。

根据控制要求,设计 PLC 控制系统,并上机调试。

项目六　多种液体自动混合装置的 PLC 控制

一、学习目标

★知识目标

（1）掌握 PLC 的另一种编程方法——状态转移图法，掌握状态转移图的编程步骤。

（2）掌握步进指令的编程方法，要求能用步进指令灵活地实现从状态转移图到步进梯形图的转换。

（3）掌握单流程顺序控制结构的编程。

★能力目标

（1）通过本项目的实训和操作，能够正确编写、输入和传输多种液体自动混合装置的 PLC 控制程序。

（2）能够独立完成多种液体自动混合装置的 PLC 控制线路的安装。

（3）按规定进行通电调试，出现故障时，能根据设计要求独立检修，直至系统正常工作。

二、项目介绍

★ 项目描述

多种液体混合系统在化工、冶金、造纸和环保等行业中得到广泛运用，其按照工艺要求对阀门组进行周期性开闭控制，实现原料配比。

★ 控制要求

液体混合装置的工作原理如图 2-6-1 所示：

（1）初始状态，容器是空的，电磁阀 YV1、YV2、YV3 和搅拌机 M 均为"OFF"，液面传感器 L1、L2、L3 均为"OFF"。

（2）YV1＝ON，液体 A 流入容器，液面上升；当液面达到 L2 处时，L2 为"ON"，使 YV1 为"OFF"，YV2 为"ON"，即关闭液体 A 阀门，打开液体 B 阀门，停止液体 A 流入，液体 B 开始流入，液面继续上升。

（3）当液面上升到 L1 处时，L1 为"ON"，使 YV2 为"OFF"，电动机 M 为"ON"，即关闭液体 B 阀门，液体停止流入，开始搅拌。

（4）搅拌电动机开始工作 60s 后，停止搅拌 M 为"OFF"，放液阀门打开（YV3 为"ON"），开始放液，液面开始下降。

（5）当液面下降到 L3 处时，L3 由"ON"变为"OFF"，再过 5 s，容器放空，使放液阀门 YV3 关闭，开始下一个循环周期。

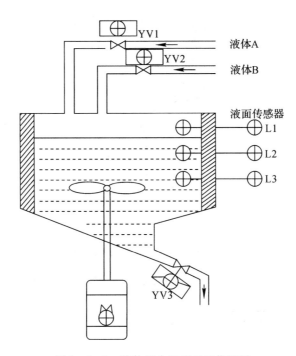

图 2 - 6 - 1　液体混合装置的工作原理

三、相关知识

（一）状态编程思想及状态元件

1. 状态编程思想

我们来看个实例：三台电动机顺序启动、逆序停止的控制系统。

三台电动机的启动和停止分别由接触器 KM1、KM2、KM3 控制，如图 2 - 6 - 2 所示。控制要求如下：

- 按下 SB1→M1 启动；
- M1 启动→按下 SB2→M2 启动；
- M2 启动→按下 SB3→M3 启动；
- M3 启动→按下 SB4→M3 停止；
- M3 停止→按下 SB5→M2 停止；
- M2 停止→按下 SB6→M1 停止。

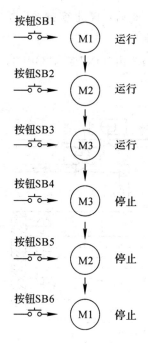

图 2-6-2　三台电动机顺序启动、逆序停止控制流程图

对应的 PLC 接线图和基本指令的控制程序如图 2-6-3 和图 2-6-4 所示。

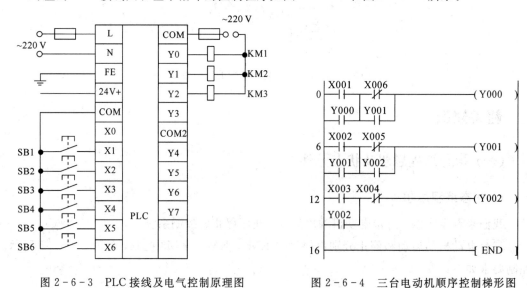

图 2-6-3　PLC 接线及电气控制原理图　　　　图 2-6-4　三台电动机顺序控制梯形图

从图 2-6-4 中我们可以看出，使用经验法及基本指令编制的程序存在以下一些问题：

① 工艺动作表达繁琐。

② 梯形图涉及的联锁关系较复杂，处理起来较麻烦。

③ 梯形图可读性差，很难从梯形图看出具体控制工艺过程。

为此，人们一直寻求一种易于构思、易于理解的图形程序设计工具。它应具有流程图的直观性，又有利于复杂控制逻辑关系的分解与综合。这种图就是状态转移图。为了说明状态转移图,现将系统中的各个工作步骤用工序表示,并依工作顺序将工序连接成图 2-6-5,这就是状态转移图的雏形。

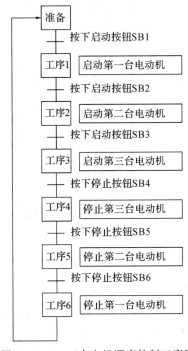

图 2-6-5　三台电机顺序控制工序图

从图 2-6-5 可以看出,复杂的控制任务或工作过程被分解成了若干个工序,该图有以下特点:

① 各工序的任务明确而具体。

② 各工序间的联系清楚,工序间的转换条件直观。

③ 这种图很容易理解,可读性很强,能清晰地反映整个控制过程,能带给编程人员清晰的编程思路。

将上图中的"工序"更换为"状态",就得到了三台电机顺序控制的状态转移图,如图 2-6-6 所示。状态转移图是状态编程的重要工具,图中以"S□□"标志的方框表示"状态",方框间的连线表示状态间的联系,方框间连线上的短横线表示状态转移图的条件,方框上横向引出的类似于梯形图支路的符号组合表示该状态的任务。而"S□□"是状态元件(FX$_{3U}$ 系列 PLC 为状态编程特地安排的专用软元件的编号。)

综上所述,状态编程的一般思想为:将一个复杂的控制过程分解为若干个工作状态,明确状态任务、状态转移条件和转移方向,再依据总的控制顺序要求,将这些状态组合形成状态转移图,最后依一定的规则将状态转移图转绘为梯形图程序。

一个完整的状态包括以下三部分:

① 状态任务,即本状态做什么。

② 状态转移条件,即满足什么条件实现状态转移。

③ 状态转移方向,即转移到什么状态去。

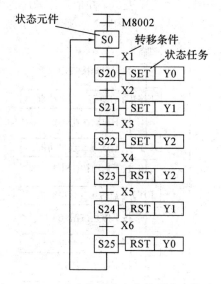

图 2-6-6 三台电机顺序启停控制状态转移图

2. 状态转移图绘制及规则

状态转移图可以将控制的顺序清晰地表示出来，正确绘制状态转移图是编制步进梯形图的基础，也便于机械工程技术人员与电气工程技术人员之间的技术交流与合作。

绘制状态转移图的步骤如下：

（1）根据工艺流程要求划分"步"（状态），并确定每步的输出。

（2）确定步与步之间的转换条件。

（3）画出步序图。

（4）将步序图转换为状态转移图。

[**例 2-6-1**] 有一小车，开始时停止在左侧，并压下限位开关 SQ2。按下启动按钮 SB1，小车开始右行，压下限位开关 SQ1 时变为左行，重新压下 SQ2 时，小车重新变为右行，压下 SQ3 时变为左行，再次压下左侧限位 SQ2 时，小车停止在初始位置。已知小车输入输出点数分配表，如表 2-6-1 所示，试绘制该控制过程的状态转移图。

表 2-6-1 小车往返控制的输入/输出分配表

输　入			输　出		
输入设备	代号	输入点编号	输出设备	代号	输出点编号
启动按钮	SB1	X000	左行继电器	KM1	Y000
限位开关1	SQ1	X001	右行继电器	KM2	Y001
限位开关2	SQ2	X002			
限位开关3	SQ3	X003			

解 （1）根据工艺流程要求划分"步"，并确定每步的输出。

分析题目要求，将小车的运动过程分为初始状态、右行、左行、右行、左行五步。其中，初始状态小车停止在左侧，所以没有任何输出。左行状态下，左行继电器 KM1 得电，右行状态下，右行继电器 KM2 得电。

（2）分析题目要求，确定各步之间的转换条件。

运行开始条件，即由初态到第一次右行的转换条件为按下启动按钮 SB1；由第一次右行变为左行的转换条件为压下右限位开关 SQ1。其余转换条件依次可以确定。

（3）根据确定的步序和相应转换条件画出步序图，如图 2-6-7 所示。

（4）将步序图转换为状态转移图。

（5）将步序图中的初始位置步，用状态器 S0 表示，其余各步逐次用 S20～S23 表示。步序图中的各步驱动的输出元件等分别用相应软元件代替。然后确定转换条件，在初始步的上方加入特殊辅助继电器 M8002 做初始化脉冲条件；启动条件和其他转换条件分别由输入输出点数分配表中确定的对应软元件标号代替；状态转移方向不变。如图 2-6-7 所示的步序图就转换为了如图 2-6-8 所示的状态转移图。注意，这只是一个最简单的例子，如果控制要求中还有关于计数、计时的要求，则应在相应的步中添加计数器、定时器输出，如遇某些元件需要被置位或复位的，可以在相应步中驱动置位或复位指令。

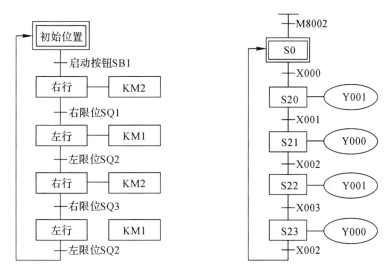

图 2-6-7 小车往返运动步序图　　图 2-6-8 小车往返运动状态转移图

通过上面的分析我们可以归纳得到绘制状态转移图必须遵循的 6 个规则：

① 步与步之间必须由转换隔开。

② 转换和转换之间必须由步隔开。

③ 步和转换、转换和步之间用有向线段（状态转移方向）连接，画状态转移图的方向是从上到下或从左到右，按照正常顺序画图时，有向线段可以不加箭头，从下向上、从右向左方向的箭头不可省略。

④ 一个状态转移图中至少有一个初始步。

⑤ 自动控制系统应能多次重复执行同一工作过程，因此在状态转移图中应由步和有向连线构成一回路使之能够循环工作，以体现工作周期的完整性，回原点等要求自复位的序列结构除外。

⑥ 必须要有初始化信号，将初始步预置为活动步，否则状态转移图中永远不会出现活

动步,系统将无法工作。

3. 步进梯形指令

1) 指令介绍

FX$_{3U}$系列 PLC 的步进梯形指令是采用步进梯形图编制顺序控制状态转移图程序的指令,它包括 STL 和 RET 两条指令,如表 2-6-2 所示。

表 2-6-2　步进梯形指令 STL、RET

助记符,名称	功能	回路表示和可用软元件	程序步
STL 步进梯形指令	步进梯形图开始	⊢STL⊣ S ◯	1
RET 返回	步进梯形图结束	⊢RET⊣	1

(1) 步进开始指令[STL]。

在图 2-6-9 中可以看出,状态转移图中的一个状态在梯形图中用一条步进接点指令表示。STL 指令的意义为"激活"某个状态,在梯形图上体现为主母线上引出的常开触点(用空心粗线绘出以与普通常开触点区别),该触点有类似于主控触点的功能,该触点后的所有操作均受这个常开触点的控制。"激活"的第二层意思是采用 STL 指令编程的梯形图区间,只有被激活的程序段才被扫描执行,而且在状态转移图的一个单流程中,一次只有一个状态被激活,被激活的状态有自动关闭激活它的前个状态的能力。这样就形成了状态间的隔离,使编程者在考虑某个状态的工作任务时,不必考虑状态间的联锁。而且当某个状态被关闭时,该状态中以 OUT 指令驱动的输出全部停止,这也使在状态编程区域的不同状态中使用同一个线圈输出成为可能。

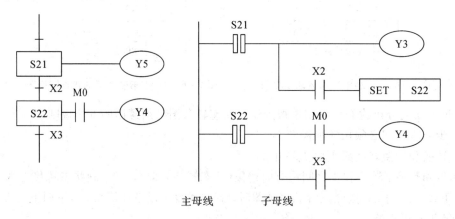

图 2-6-9　状态转移图与状态梯形图对照

(2) 步进结束指令[RET]。

RET 指令用于返回主母线。使步进顺控程序执行完毕时,非状态程序的操作在主母线上完成,防止出现逻辑错误。状态转移程序的结尾必须使用 RET 指令。

2）步进指令的使用说明

状态 S 具有触点的功能（驱动输出线圈或相继的状态）以及线圈的功能（在转移条件下被驱动）。

FX_{3U} 系列 PLC 中状态继电器软元件有下面四种类型，详见表 2-6-3。

表 2-6-3 FX_{3U} 系列 PLC 状态继电器软元件类型

类别	元件编号	点数	用途及特点
初始状态	S0～S9	10	用于步进梯形图的初始状态
回零状态	S10～S19	10	一般用作返回原点的状态
一般用状态	S20～S4095	4075	用作步进梯形图的中间状态
停电保持	S500～S4095	3595	具有停电保持功能，用于停电恢复后需要继续执行停电前状态的情形

3）步进梯形指令的特点

（1）步进梯形指令仅对状态元件 S 有效。

（2）对于用作一般辅助继电器的状态元件 S，则不能采用 STL 指令，而只能采用基本指令。

（3）在 STL 指令后，只能采用 SET 和 RST 指令作为状态元件 S 的置位或复位输出。

4）步进梯形指令应用注意事项

（1）状态元件编号不能重复使用。

（2）STL 触点断开时，与其相连的回路不动作，一个扫描周期后不再执行 STL 指令。

（3）状态转移过程中，在一个扫描周期内两种状态同时接通，在相应的程序上应设置互锁。

（4）定时器线圈与输出线圈一样，也可在不同状态间对同一定时器软元件编程，但是在相邻状态不要对同一定时器编程。

（5）STL 指令后的母线，一旦写入 LD 或 LDI 指令后，对于不需要触点的指令，必须采用 MPS、MRD、MPP 指令编程，或者改变回路的驱动顺序。

（6）在中断程序与子程序内不能采用 STL 指令。

（7）STL 指令内不禁止使用跳转指令，但由于动作复杂，建议不要使用。

（8）对状态处理和编程时必须使用步进接点指令 STL。STL 触点是与左侧母线相连的常开触点，STL 触点接通，则对应的状态为活动步，与 STL 触点相连的触点用 LD 或 LDI 指令。

（9）程序的最后必须使用步进结束指令 RET，返回主母线。

（10）STL 触点可直接驱动或通过别的触点驱动 Y、M、S、T、C 等元件的线圈。

（二）步进指令编程方法

步进指令是顺序控制的一种编程方法，采用步进指令编程时，一般需要分以下几个步骤进行：

（1）分配 PLC 的输入/输出点，画出 PLC 的接线图，列出输入和输出点分配表。

（2）根据控制要求或加工工艺要求，画出顺序控制的状态流程图。

（3）根据状态流程图，画出相应的梯形图。

三台电机顺序启停控制的流程图和梯形图如图 2-6-10 所示。对应的指令表程序及功能如图 2-6-11 所示。

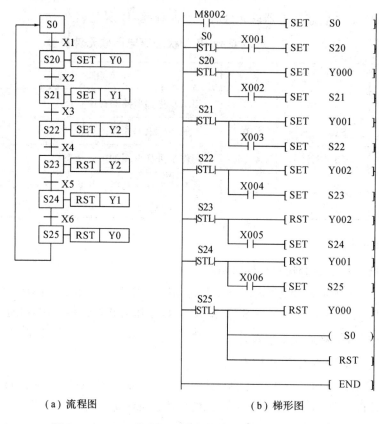

（a）流程图　　　　　　　　　　（b）梯形图

图 2-6-10　三台电机顺序启停控制的流程图和梯形图

LD	M8002	初始脉冲	LDP	X004	转移条件X4
SET	S0	状态转移S0	SET	S23	状态转移S23
STL	S0	激活初始状态S0	STL	S3	激活状态S23
LD	X001	转移条件X1	RST	Y002	驱动负载
SET	S20	状态转移S20	LDP	X005	转移条件X5
STL	S20	激活状态S20	SET	S24	状态转移S24
SET	Y000	驱动负载	STL	S24	激活状态S24
LDP	X002	转移条件X2	RST	Y001	驱动负载
SET	S21	状态转移S21	LDP	X006	转移条件X6
STL	S21	激活状态S21	SET	S25	状态转移S25
SET	Y001	驱动负载	STL	S25	激活状态S25
LDP	X003	转移条件X3	RST	Y000	驱动负载
SET	S22	状态转移S22	OUT	S0	状态转移S0
STL	S22	激活状态S22	RET		状态返回指令
SET	Y002	驱动负载	END		结束

图 2-6-11　三台电机顺序启停控制指令表

（三）单流程顺序控制

1. 单一序列结构

图 2-6-12(a) 所示为单一序列结构状态转移图。单一序列结构形式是一种最简单的结构形式，由一系列按顺序排列、相继激活的步组成，每步后面只有一个转换条件，每个转换条件后面也只有一步。单一序列是许多复杂序列的基本环节。

单一序列结构状态转移图转换为步进梯形图比较简单，只需按照转换规则逐步转换即可。需要注意的是，当某一步有多个输出时，应将所有的输出都写完后再写该步与后续步的转换。将图 2-6-12(a) 所示的单一序列结构状态转移图转换为步进梯形图和步进指令表如图 2-6-12(b) 和图 2-6-12(c) 所示。

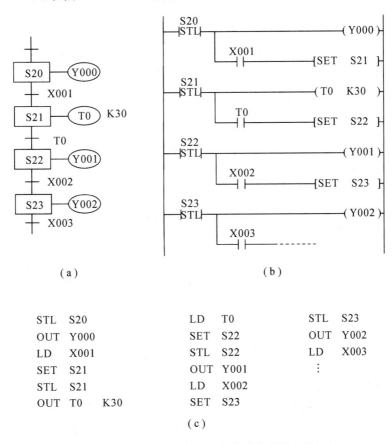

（a）　　　　　　　　　　　（b）

STL	S20		LD	T0		STL	S23
OUT	Y000		SET	S22		OUT	Y002
LD	X001		STL	S22		LD	X003
SET	S21		OUT	Y001			⋮
STL	S21		LD	X002			
OUT	T0　　K30		SET	S23			

（c）

图 2-6-12　单一序列结构及其步进梯形图和指令表

控制过程分析如下：

S20 为活动步时，Y000 线圈得电，当转换条件 X001 为 "ON" 时激活下一步 S21，然后 T0 开始计时，当 3 s 计时时间到，T0 常开触点闭合，执行 SET S22 指令，激活 S22 步，以此类推……在该序列结构中，只要单一的满足转换条件就激活下一步，没有其他的情况产生，控制过程简单，编程容易。

2. 重复序列结构

图2-6-13(a)所示为重复序列结构状态转移图，即当某一步为活动步时，若满足一定条件则返回到之前的步，重复执行已经执行过的工作过程，这种结构称为重复序列结构。其步进梯形图和步进指令表分别如图2-6-13(b)、图2-6-13(c)所示。

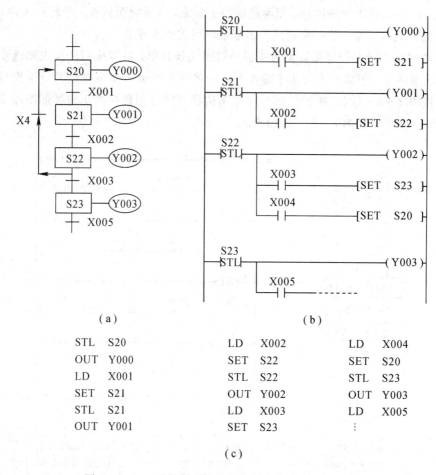

（a）　　　　　　　　　　　（b）

STL	S20	LD	X002	LD	X004
OUT	Y000	SET	S22	SET	S20
LD	X001	STL	S22	STL	S23
SET	S21	OUT	Y002	OUT	Y003
STL	S21	LD	X003	LD	X005
OUT	Y001	SET	S23		⋮

（c）

图2-6-13　重复序列结构及其步进梯形图和指令表

控制过程分析如下：

在图2-6-13(a)所示状态转移图中，当S22步为活动步时，若转换条件X004为"ON"，则会再次激活S20，重复执行S20～S22之间的工作过程；如果转换条件X004一直为"ON"，则一直重复此段程序；只有当X003为"ON"时激活S3，结束重复。

3. 跳步序列结构

图2-6-14(a)所示为跳步序列结构状态转移图。当某一步为活动步时，若满足一定条件则跳过中间的步不执行，而直接执行后面的步，这种序列结构称为跳步序列。其步进梯形图和步进指令表分别如图2-6-14(b)、图2-6-14(c)所示。

控制过程分析如下：

在图2-6-14(a)所示的状态转移图中，当S20步为活动步时，若转换条件X001为

"ON",则激活 S21,顺次执行后续各步;若转换条件 X002 为"ON"则跳过 S21、S22 两步不执行,而是直接激活 S23 步,并从 S23 步开始顺次执行后续各步。被跳过的步,本个工作周期内不再执行。

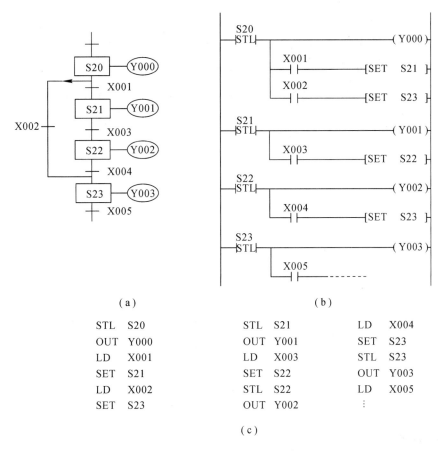

(a)   (b)

STL	S20		STL	S21		LD	X004
OUT	Y000		OUT	Y001		SET	S23
LD	X001		LD	X003		STL	S23
SET	S21		SET	S22		OUT	Y003
LD	X002		STL	S22		LD	X005
SET	S23		OUT	Y002		⋮	

(c)

图 2-6-14 跳步序列结构及其步进梯形图和指令表

4. 循环序列结构

图 2-6-15(a)所示为循环序列结构的状态转移图。循环序列实际上是重复序列的一种特殊情况,当重复序列中,如果被重复执行的部分是从程序的第一步至最后一步,则这个序列常被称为循环序列。循环序列是一种常用的序列结构,一般控制系统要求能多次重复执行同一工艺过程,这时就需要使用循环序列构成一闭环回路,使之能够循环工作。

将图 2-6-15(a)所示的循环序列结构状态转移图转换为步进梯形图和步进指令表,分别如图 2-6-15(b)、图 2-6-15(c)所示。

控制过程分析如下:

在 PLC 由"STOP"转为"RUN"时的一个扫描周期内,初始化脉冲继电器 M8002 的常开触点闭合,SET 指令将初始步 S0 激活,从而当转换条件满足时开始依次激活下一步。但是当程序执行到最后时,如果转换条件 X003 满足,则程序返回到初始步 S0 处开始重复执行上述工作过程。

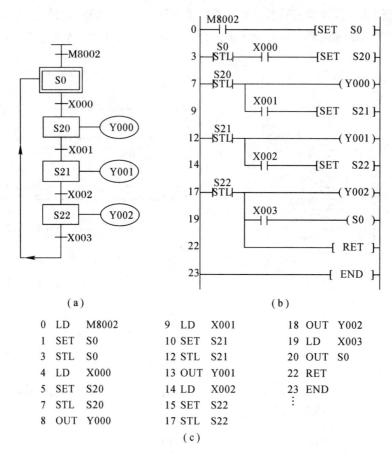

（a）　　　　　　　　　　　　　　（b）

0 LD M8002	9 LD X001	18 OUT Y002
1 SET S0	10 SET S21	19 LD X003
3 STL S0	12 STL S21	20 OUT S0
4 LD X000	13 OUT Y001	22 RET
5 SET S20	14 LD X002	23 END
7 STL S20	15 SET S22	⋮
8 OUT Y000	17 STL S22	

（c）

图 2 - 6 - 15　循环序列结构及其步进梯形图和指令表

四、任务实施

1. 输入/输出地址表

对于本项目一开始提到的多种液体混合控制系统，如图 2 - 6 - 1 所示，该系统对应的输入/输出地址表如表 2 - 6 - 4 所示。

表 2 - 6 - 4　多种液体混合自动控制系统输入/输出地址表

输　入			输　出		
输入设备	代号	输入点编号	输出设备	代号	输出点编写
启动	SB1	X000	电磁阀 YV1	YV1	Y000
下限位	L3	X001	电磁阀 YV2	YV2	Y001
中限位	L2	X002	电磁阀 YV3	YV3	Y002
上限位	L1	X003	电动机	M	Y003

2. 输入/输出接线图

系统的输入/输出接线图如图 2-6-16 所示。

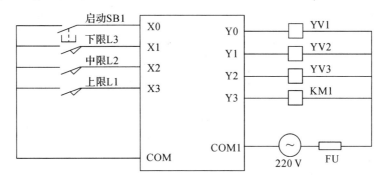

图 2-6-16　多种液体自动混合装置控制系统的输入/输出接线图

3. 编写梯形图程序

仔细分析控制要求,将每一个控制要求细化为若干个独立的不可再分的动作单元,按照动作的先后顺序,将动作单元——串在一起,形成工作流程。多种液体自动混合控制系统的动作流程采用单序列结构,由一系列相继激活的步组成,每一步的后面仅有一个转换条件,每一个转换条件后面仅有一步。图 2-6-17 为多种液体自动混合装置控制系统的工作步序图和状态转移图。

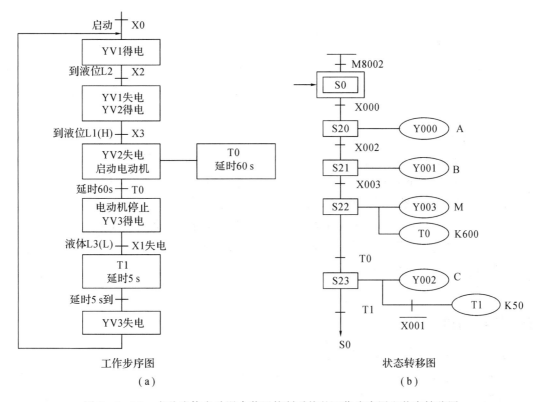

图 2-6-17　多种液体自动混合装置控制系统的工作步序图和状态转移图

然后根据流程图编写出相应的梯形图程序和指令表，如图 2-6-18 所示

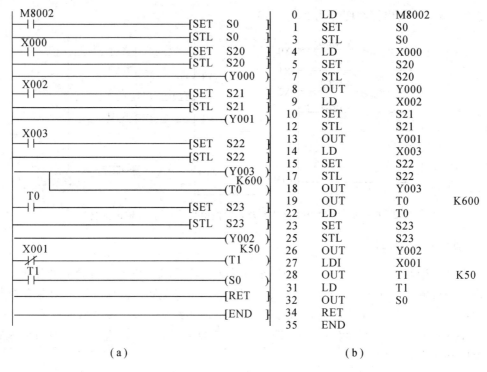

（a）　　　　　　　　　　　　　　（b）

图 2-6-18　多种液体自动混合控制系统梯形图和指令表

4. 系统调试

（1）在断电状态下，连接好 PLC/PC 电缆。

（2）将 PLC 运行模式选择开关拨到"STOP"位置，此时 PLC 处于停止状态，可以进行程序编写。

（3）在作为编程器的计算机上，运行 GX Developer 编程软件。

（4）将梯形图程序输入到计算机中。

（5）将程序文件下载到 PLC 中。

（6）将 PLC 运行模式的选择开关拨到"RUN"位置，使 PLC 进入运行方式。

（7）在教师的现场监护下进行通电调试，验证系统功能是否符合控制要求。

（8）如果出现故障，应分别检查硬件接线和梯形图程序是否有误，修改完成后应重新调试，直至系统能够正常工作。

（9）记录程序调试的结果。

五、拓展训练

如图 2-6-19 所示，控制要求如下：

运料小车处在原点位置，下限位开关 LS1 被压合，料斗门关闭，原点指示灯亮。当按下启动按钮 SB1 时料斗门打开，时间为 10 s，给运料车运料。装运料结束，料斗门关闭，延时 2 s 后料车上升，直至压合上限开关 LS2 后停止，延时 2 s 后卸料 12 s，料车复位并下降

至原点，压合 LS1 后停止，然后开始下一个循环工作。

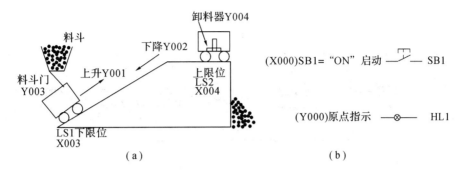

图 2-6-19 运料小车运动示意图

请绘出相应的工作流程图和梯形图，并写出指令表。

六、巩固与提高

（1）画出图 2-6-20 所示状态流程图对应的梯形图，并写出指令语句表。

（2）有三台电动机，控制要求为：

① 按下启动按钮后，M1 启动；10 min 后，M2 自行启动；再过 10 min 后，M3 自行启动。

② 按下停止按钮后，M3 停止运行；8 min 后，M2 自行停止运行；再过 8 min 后，M1 自行停止运行。

运用步进指令编写控制程序，绘出状态转移图和梯形图，并写出指令表。

（3）根据图 2-6-21 所示的状态流程图，设计对应的梯形图和指令表。

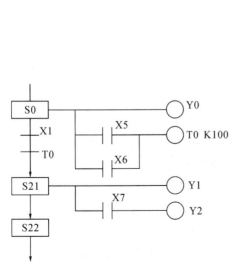

题图 2-6-20

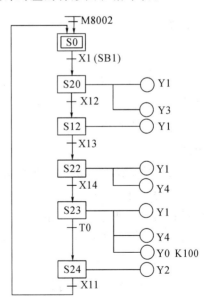

图 2-6-21 状态流程图

项目七　全自动洗衣机的 PLC 控制

一、学习目标

★知识目标

（1）进一步掌握状态转移图的编程方法。

（2）掌握选择性分支结构的状态编程方法；掌握多分支状态转移图与步进梯形图的转换。

★能力目标

（1）通过本项目的实训和操作，能够正确编写、输入和传输全自动洗衣机的 PLC 控制程序。

（2）能够独立完成全自动洗衣机 PLC 控制线路的安装。

（3）按规定进行通电调试，出现故障时，能根据设计要求独立检修，直至系统正常工作。

二、项目介绍

★ 项目描述

全自动洗衣机就是将洗衣的过程（浸泡—洗涤—漂洗—脱水）预先设定好 N 个程序，洗衣时选择其中一个程序，打开水龙头和启动洗衣机开关后，洗衣的全过程就会自动完成，完成后由蜂鸣器发出响声。

★ 控制要求

洗衣机的进水、排水分别由进水电磁阀和排水电磁阀执行。洗涤正转、反转由洗涤电动机驱动波盘的正、反转来实现。脱水时，排水电磁阀打开，脱水离合器合上，洗涤电动机正转进行甩干。洗涤完成后由蜂鸣器报警。洗衣机通过选择开关 SA2（两个挡位）选择高水位或低水位，零水位限位检测 ST1 来检测水位的高度位置（遇水则通，ON）。洗涤方式（强洗或弱洗）通过选择开关 SA1（两个挡位）完成。用两个 LED 发光二极管来指示当前的工作状态。洗衣机结构示意图如图 2-7-1 所示，洗衣机的控制要求如图 2-7-2 所示。

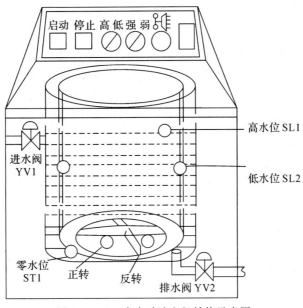

图 2-7-1　全自动洗衣机结构示意图

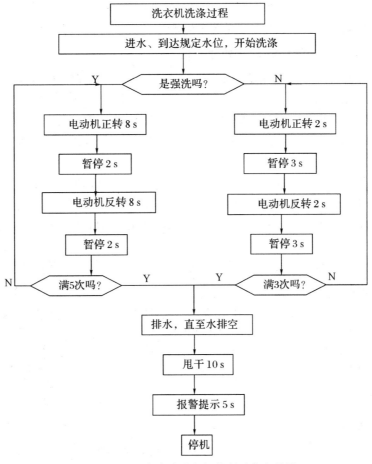

图 2-7-2　全自动洗衣机控制要求流程图

三、相关知识

1. 选择性分支与汇合的编程

从多个流程程序中,选择执行哪一个流程称为选择性分支。图 2-7-3 所示就是一个选择序列,它具有三个分支。其中,S20 为分支步(即其后有多个分支),根据不同的转换条件(X000、X010、X020),可以选择执行其中一个条件满足的分支。

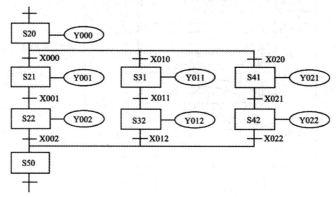

图 2-7-3 选择性分支状态转移图

选择分支和汇合的编程原则是:先集中处理分支状态,然后再集中处理汇合状态。

2. 选择性分支状态转移图及其处理方法

在进行选择性分支的状态转移图与步进梯形图之间的转换时,应首先进行分支状态元件的处理。分支状态处理方法是:首先进行分支状态的输出连接,然后依次按照各个分支的转移条件置位各转移分支的首转移状态元件;其次依顺序进行各分支的连接;最后进行汇合状态的处理。汇合状态的处理方法是:先进行汇合前的驱动连接,然后依顺序进行汇合状态的连接。

程序运行到状态器 S20 时,根据 X000、X010 和 X020 的状态决定执行哪一条分支。当状态器 S21 或 S31 或 S41 接通时,S20 自动复位。当 X000 为"ON"时,执行图 2-7-4(a);当 X010 为"ON"时,执行图 2-7-4(b);当 X020 为"ON"时,执行图 2-7-4(c)。

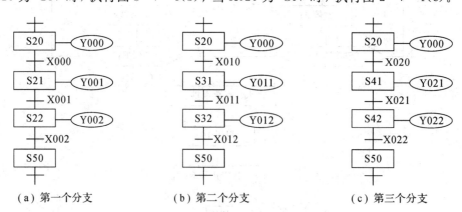

(a)第一个分支　　　　　(b)第二个分支　　　　　(c)第三个分支

图 2-7-4 选择性分支状态转移图分支

3. 选择性分支状态转移图的编程

(1) 选择性分支的编程方法，如图 2-7-5 及对应的表 2-7-1 所示。

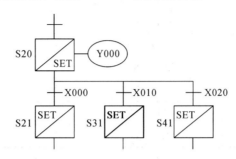

图 2-7-5　对图 2-7-4 中分支步的处理

表 2-7-1　对分支步进行驱动和转换处理

分支步的驱动处理	STL	S20
	OUT	Y000
转换到第一个分支	LD	X000
	SET	S21
转换到第二个分支	LD	X010
	SET	S31
转换到第三个分支	LD	X020
	SET	S41

(2) 选择性分支合并的编程方法，如图 2-7-6 所示。

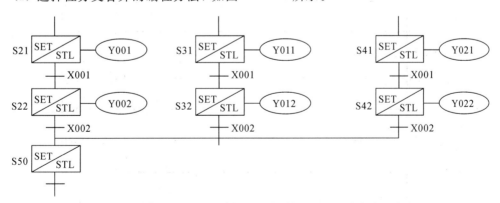

图 2-7-6　对图 2-7-4 中合并步的处理

根据选择序列合并的编程方法，依次对 S21、S22、S31、S32、S41、S42 进行驱动处理，对应的指令表程序如表 2-7-2 所示。

表 2-7-2　合并前对各分支进行驱动处理

第一个分支的驱动处理	第二个分支的驱动处理	第三个分支的驱动处理
STL　S21	STL　S31	STL　S41
OUT　Y001	OUT　Y011	OUT　Y021
LD　　X001	LD　　X011	LD　　X021
SET　S22	SET　S32	SET　S42
STL　S22	STL　S32	STL　S42
OUT　Y002	OUT　Y012	OUT　Y022

然后按照 S22(第一个分支)、S32(第二个分支)、S42(第三个分支)的顺序向 S50 进行转换处理,对应的指令表程序如表 2-7-3 所示。

表 2-7-3　对各分支进行合并转换处理

第一个分支向 S50 转换	第二个分支向 S50 转换	第三个分支向 S50 转换
STL　S22	STL　S32	STL　S42
LD　　X002	LD　　X012	LD　　X022
SET　S50	SET　S50	SET　S50

(3) 根据图 2-7-3 所编写完整梯形图程序,如图 2-7-7 所示。

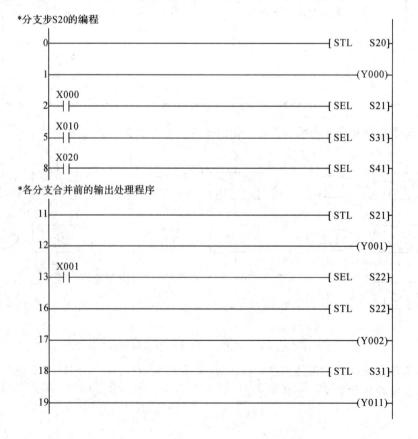

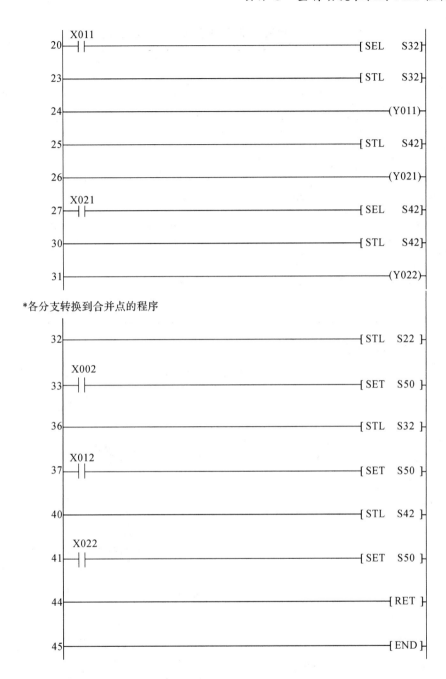

图 2 - 7 - 7　与图 2 - 7 - 3 所示选择序列相对应的步进梯形图

四、任务实施

1. 输入/输出地址表

全自动洗衣机输入/输出地址分配表如表 2 - 7 - 4 所示。

表 2-7-4 全自动洗衣机输入/输出地址分配表

输入			输出		
输入设备	代号	输入点编号	输出设备	代号	输出点编号
启动按钮	SB0	X000	运行中暂停指示	LED1	Y000
停止按钮	SB1	X001	运行指示	LED2	Y001
零水位检测开关	ST1	X002	进水阀	YV1	Y002
强洗选择	SA1-1	X003	排水阀	YV2	Y003
弱洗选择	SA1-2	X004	电机正转接触器	KM1	Y004
低水位选择	SA2-1	X005	电机反转接触器	KM2	Y005
高水位选择	SA2-2	X006	蜂鸣器	HA	Y006
			脱水离合器	YC	Y007

2. 输入/输出接线图

用三菱 FX₃ᵤ 型 PLC 实现全自动洗衣机 PLC 控制系统输入/输出接线，如图 2-7-8 所示。

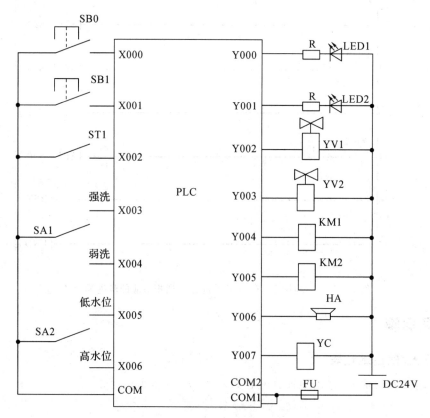

图 2-7-8 全自动洗衣机输入/输出接线图

3．程序设计

1）画出洗衣机的状态转移图

根据图 2-7-2 所示的洗衣机工作流程图和输入/输出地址表，可以对应地画出全自动洗衣机的转态转移图，如图 2-7-9 所示。由图 2-7-9 可知，全自动洗衣机是一个具有选择分支的顺序控制系统。当洗衣机进水完毕后，即进入强洗和弱洗的选择分支；在强洗和弱洗的分支中，S24 和 S34 后面分别又进入洗涤次数的选择分支（选择分支中嵌套选择分支）。

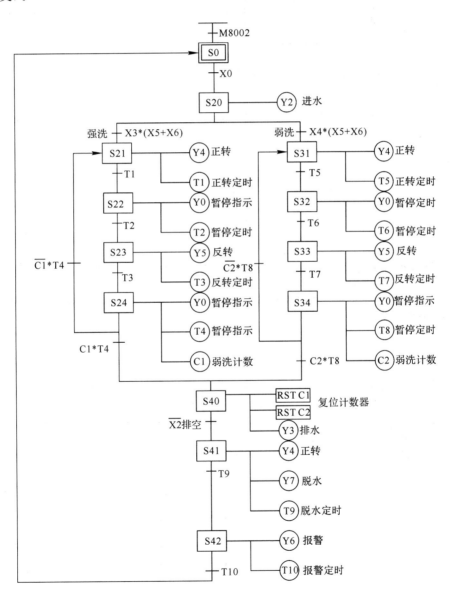

图 2-7-9　全自动洗衣机的转态转移图

2）将状态转移图转换成梯形图

如图 2-7-10 所示，该程序有 7 部分组成。

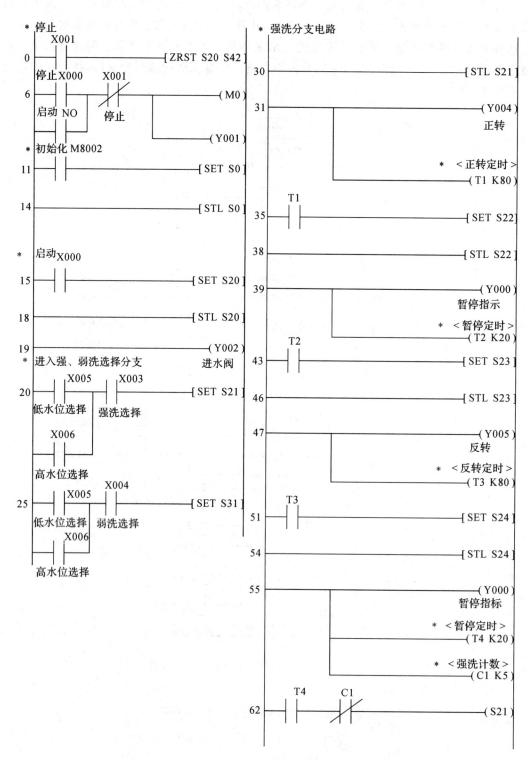

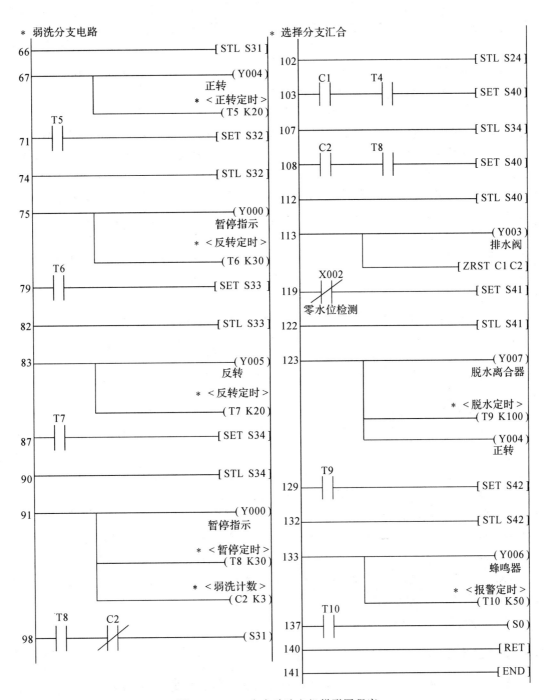

图 2-7-10　全自动洗衣机梯形图程序

语句步 0 至 14 是初始复位或停止电路。用停止按钮的常闭触点复位所有的工作步；用初始化脉冲 M8002 的常开触点接通来置位初始步 S0，为系统的运行做好准备。

语句步 15 至 19 是启动电路。用 X0(启动按钮)的常开触点接通来置位步 S20，驱动进水阀 Y2 通电开始进水。

　　语句步 20 至 29 是强洗选择电路。在选择了高（X6）低（X5）水位后，再同时选择弱洗（X4）或强洗（X3），为下面进入选择分支做好准备（选择强洗接通步 S21，选择弱洗接通步 S31）。

　　语句步 30 至 65 是强洗选择分支电路。包括 S21 步至 S24 步，依次完成强洗状态下的正转、暂停、反转、暂停。循环该部分程序达到 5 次，置位步 S40，进入分支汇合电路。

　　语句步 66 至 101 是弱洗选择分支电路。包括 S31 步至 S34 步，依次完成弱洗状态下的正转、暂停、反转、暂停。循环该部分程序达到 3 次，置位步 S40，进入分支汇合电路。

　　语句步 102 至 140 是分支汇合电路（包括排水、脱水、报警、运行显示等电路）。选择性分支结束，进入分支汇合电路，步 S40 驱动排水电磁阀 Y3 开始排水，同时给强（或弱）洗循环的计数器 C1（或 C2）复位，为下一次运行做准备。当水位下降到零水位，检测开关复位，即 X2 的常闭触点闭合，置位下一步 S41，驱动 Y4（正转）、Y7（脱水电磁阀）通电。打开脱水电磁阀，电动机正转进行脱水。用定时器 T9 进行脱水定时，定时时间到，用 T9 的常开触点置位下一步 S42，驱动 Y6（蜂鸣器）通电，开始报警。用定时器 T10 定时报警时间，定时时间到，用 T10 的常开触点置位初始步 S0，停止报警，系统停止运行，同时为下个周期的运行做准备。

　　为了使洗衣机程序正常运行，在 PLC 运行开始瞬间可通过初始步给所有的状态继电器、时间继电器、计数器复位；在整个运行过程中，可用停止按钮通过初始步给所有的状态继电器、时间继电器、计数器复位。

4. 系统调试

　　（1）在断电状态下，按图 2-7-8 连接好输入/输出电路及 PLC/PC 电缆。

　　（2）将 PLC 运行模式选择开关拨到"STOP"位置，此时 PLC 处于停止状态，可以进行程序编写。

　　（3）在作为编程器的计算机上，运行 GX Developer 编程软件。

　　（4）将图 2-7-10 所示的梯形图程序输入到计算机中。

　　（5）将程序文件下载到 PLC 中。

　　（6）将 PLC 运行模式的选择开关拨到"RUN"位置，使 PLC 进入运行方式。

　　（7）在教师的现场监护下进行通电调试，验证系统功能是否符合控制要求。

　　（8）如果出现故障，应分别检查硬件接线和梯形图程序是否有误，修改完成后应重新调试，直至系统能够正常工作。

　　（9）记录程序调试的结果。

五、拓展训练

　　图 2-7-11 所示为一大小球分类选择传送装置工作示意图。控制要求如下：

　　（1）使用传送带，将大、小球分类选择传送。

　　（2）左上方为原点，传送机械的动作顺序为下降、吸住、上升、右行、下降、释放、上升、左行。

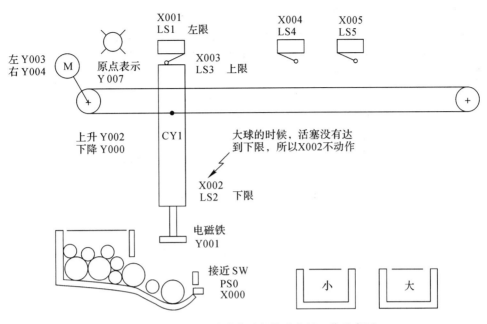

图 2-7-11　大小球分类选择传送装置工作示意图

（3）机械臂下降，当电磁铁压着大球时，下限位开关 LS2 断开，压着小球时，LS2 导通。由此判断吸住的是大球还是小球。

（4）左、右移分别由 Y003、Y004 控制；上升、下降分别由 Y002、Y000 控制；吸球电磁铁由 Y001 控制。

请根据控制要求设计出相应的状态转移图及梯形图程序。

六、巩固与提高

（1）有一选择性分支状态转移图如图 2-7-12 所示，请对其进行编程（画出梯形图）。

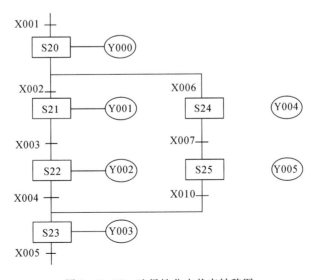

图 2-7-12　选择性分支状态转移图

（2）控制要求：小车运行情况如图 2 - 7 - 13 所示。

① 按下 SB1 后，小车由 SQ1 处前进到 SQ2 处，停 6 s，再退到 SQ1 处停止。

② 按下 SB2 后，小车由 SQ1 处前进到 SQ2 处，停 9 s，再退到 SQ1 处停止。

请根据小车运行的接线图设计出对应的状态转移图及梯形图程序。

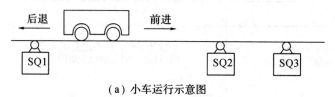

（a）小车运行示意图

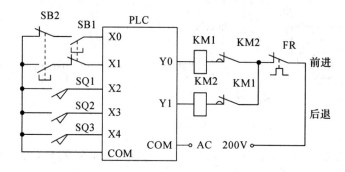

（b）小车运行PLC接线图

图 2 - 7 - 13　小车运行示意图及 PLC 接线图

项目八　公路交通十字路口信号灯控制

一、学习目标

★知识目标

（1）进一步掌握状态转移图的编程方法。

（2）掌握并行性分支结构的状态编程方法；掌握多分支状态转移图与步进梯形图的转换。

★能力目标

（1）通过本项目的实训和操作，能够正确编写、输入和传输公路交通十字路口信号灯控制程序。

（2）能够独立完成公路交通十字路口信号灯 PLC 控制线路的安装。

（3）按规定进行通电调试，出现故障时，能根据设计要求独立检修，直至系统正常工作。

二、项目介绍

★ 项目描述

随着城市和经济的发展，交通信号灯发挥的作用越来越大，正因为有了交通信号灯，才使车流、人流有了规范，同时也减少了交通事故发生的概率。然而，交通信号灯不合理的使用或设置，也会影响交通的顺畅。

★ 控制要求

图 2-8-1 所示为交通灯现场模拟示意图，其控制要求如下：

开关合上后，南北绿灯亮 20 s 后闪 3 秒；黄灯亮 2 s 灭；红灯亮 25 s；绿灯亮……循环。对应南北绿灯、黄灯亮时，东西红灯亮 25 s，接着绿灯亮 20 s 后闪 3 s 灭；黄灯亮 2 s 后，红灯又亮……循环。工作流程如图 2-8-2 所示。

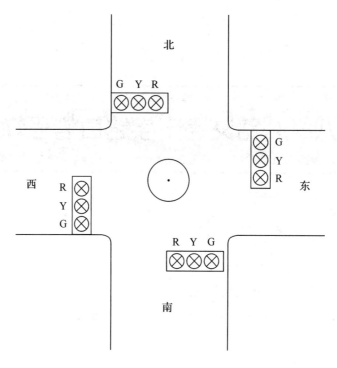

图 2-8-1 交通信号灯现场模拟示意图

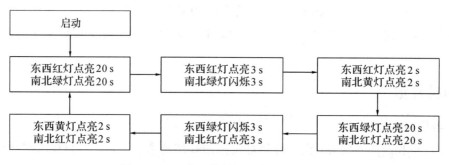

图 2-8-2 交通信号灯工作流程示意图

三、相关知识

1. 并行分支与汇合的编程

并行分支的编程原则是先集中进行并行分支处理,再集中进行汇合处理。

如图 2-8-3 所示。当转换条件 X1 接通时,由状态器 S21 分两路同时进入状态器 S22 和 S24,以后系统的两个分支并行工作。图中水平双线强调的是并行工作,实际上与一般状态编程一样,先进行驱动处理,然后进行转换处理,从左到右依次进行。

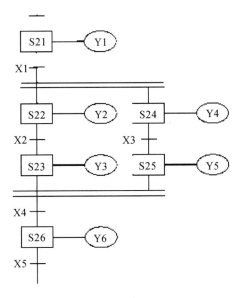

图 2-8-3 并行分支流程结构

2. 并行分支状态转移图及其特点

当满足某个条件后使多个分支流程同时执行的分支称为并行分支,如图 2-8-4 所示。图中,当 X001 接通时,状态转移使 S22、S24 同时置位,二个分支同时运行;只有在 S23、S25 二个状态都运行结束后,若 X4 接通,才能使 S26 置位,并使 S23、S25 同时复位。从图中可以看出:

(1) S21 为分支状态。S21 动作,若并行处理条件 X001 接通,则 S22、S24 同时动作,二个分支同时开始运行。

(2) S26 为汇合状态。二个分支流程运行全部结束后,汇合条件 X004 为"ON",则 S26 动作,S23、S25 同时复位。这种汇合,有时又叫做排队汇合(即先执行完的流程保持动作,直到全部流程执行完成,汇合才结束)。

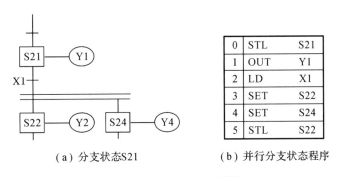

(a) 分支状态S21　　　(b) 并行分支状态程序

图 2-8-4 并行分支的编程

3. 并行性分支状态转移图的编程

编程原则是先集中进行并行分支处理,再集中进行汇合处理。

1) 并行分支的编程

编程方法是先对分支状态进行驱动处理，然后按分支顺序进行状态转移处理。图 2-8-4(a)为分支状态 S21 图，图 2-8-4(b)为并行分支状态 S21 的编程。

2) 并行汇合处理编程

编程方法是先进行汇合前状态的驱动处理，然后按顺序进行汇合状态的转移处理。

按照并行汇合的编程方法，应先进行汇合前的输出处理，即按分支顺序对 S22、S23 和 S24、S25 进行输出处理，然后依次进行从 S23、S25 到 S26 的转移。图 2-8-5(a)为 S26 的并行汇合状态，图 2-8-5(b)是各分支汇合前的输出处理和向汇合状态 S26 转移的编程。

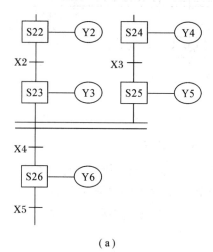

(a)

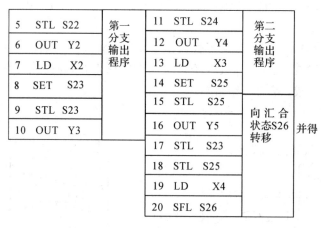

(b)

图 2-8-5 并行汇合的编程

3) 并行分支状态转移图对应的状态梯形图

根据图 2-8-3、图 2-8-4、图 2-8-5 及其指令表程序，可以绘出状态梯形图如图 2-8-6 所示。

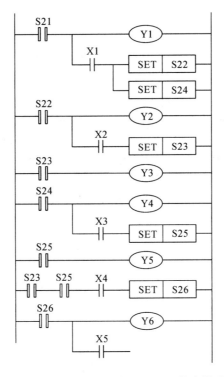

图 2-8-6　并行分支状态 SFC 图的状态梯形图

4）并行分支、汇合编程应注意的问题

（1）并行分支的汇合最多能实现 8 个分支的汇合。

（2）并行分支与汇合流程中，并联分支后面不能使用选择转移条件，在转移条件后不允许并行汇合。

四、任务实施

根据本项目开头的任务介绍，公路十字路口交通信号灯的控制过程可以用如下图 2-8-7 所示的时序图表示工作过程。

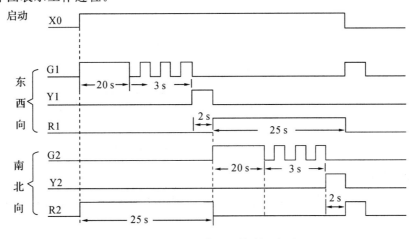

图 2-8-7　交通信号灯控制时序图

1. 输入/输出地址表

由时序图可知，本项目中共需 1 个输入端，6 个输出端，地址分配如下表 2-8-1 所示。

表 2-8-1 公路交通信号灯输入/输出地址分配表

输 入			输 出		
输入设备	代号	输入点编号	输出设备	代号	输出点编号
开关	S1	X000	东西红灯		Y000
			东西绿灯		Y001
			东西黄灯		Y002
			南北红灯		Y003
			南北绿灯		Y004
			南北黄灯		Y005

2. 输入/输出接线图

系统接线图如图 2-8-8 所示。

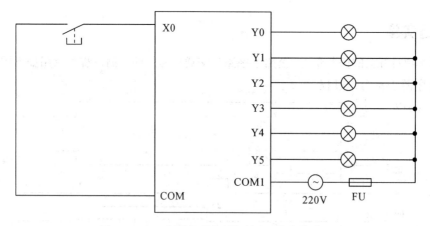

图 2-8-8 公路交通信号灯输入/输出接线图

3. 编写梯形图程序

仔细分析控制要求，根据公路交通信号灯控制系统的动作流程采用并行性分支结构，画出如图 2-8-9 所示的状态流程图。

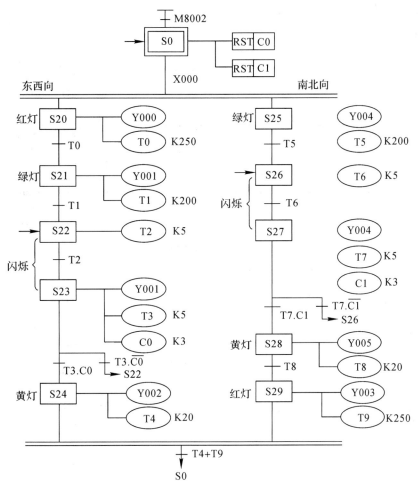

图 2-8-9 公路交通信号灯工作状态流程图

在 S23 有一个选择性分支，如果绿灯闪了 3 次，则 C0 的触点接通，就向下执行 S24，不到三次则转到 S22，重复绿灯闪烁过程。这里用到了状态的跳转，如图 2-8-10 所示。

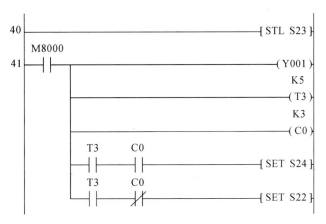

图 2-8-10 绿灯闪烁程序

完整的交通信号灯控制程序如图 2-8-11 所示。

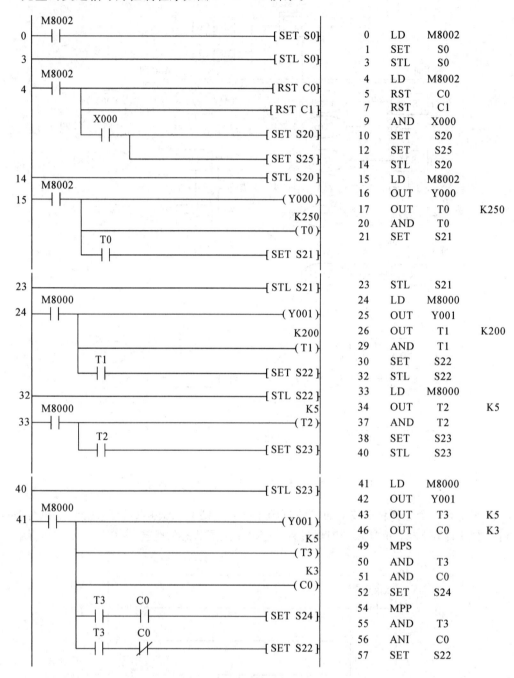

图 2-8-11 完整的交通信号灯控制程序

通过以上编程方法的练习，基本掌握了并行性流程分支控制程序的编写方法，下面将对控制系统进行调试。

4. 系统调试

（1）在断电状态下，连接好 PLC/PC 电缆。

（2）将 PLC 运行模式选择开关拨到"STOP"位置，此时 PLC 处于停止状态，可以进行程序编写。

（3）在作为编程器的计算机上，运行 GX Developer 编程软件。

（4）将梯形图程序输入到计算机中。

（5）将程序文件下载到 PLC 中。

（6）将 PLC 运行模式的选择开关拨到"RUN"位置，使 PLC 进入运行方式。

（7）在教师的现场监护下进行通电调试，验证系统功能是否符合控制要求。

（8）如果出现故障，应分别检查硬件接线和梯形图程序是否有误，修改完成后应重新调试，直至系统能够正常工作。

（9）记录程序调试的结果。

五、拓展训练

如图 2-8-12 为按钮式人行横道控制系统示意图。

PLC 在从停机转入运行时，初始状态 S0 动作，通常为车道绿灯亮，人行道红灯亮（通过 M8002）。

若按人行横道按钮 X0 或 X1，则状态 S21 为车道绿亮，S30 为人行道红灯亮，红绿灯状态不变化。30 s 后车道黄灯亮，再过 10 s 车道绿灯亮。然后定时器 T2(5 s)启动，5 s 后 T2 触点接通人行道绿灯亮。15 s 后，人行横道绿灯由状态 S32 和 S33 交替控制 0.5 s 闪烁。闪烁中 S32、S33 的动作反复进行，计数器 C0(设定值为 5 次)触点一接通，状态向 S34 转移，人行道变灯，5 s 后，返回初始状态。在状态转移过程中，即使按动人行横道钮 X0、X1 也无效。

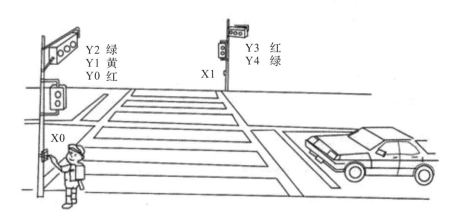

图 2-8-12　按钮式人行道控制示意图

请根据上述控制要求，试绘出相应的状态转移图及梯形图。

六、巩固与提高

（1）有一并行性分支状态转移图如图 2-8-13 所示，请画出其梯形图。

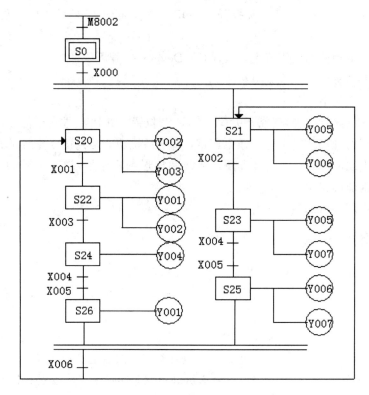

图 2-8-13　并行性分支状态转移图

（2）4 台电动机 M1～M4 动作时序图如图 2-8-14 所示。M1 的循环动作周期为 34 s，M1 动作 10 s 后 M2、M3 启动，M1 动作 15 s 后，M4 动作，M2、M3、M4 的循环动作周期为 34 s，用步进顺控指令设计其状态转移图，并进行编程。

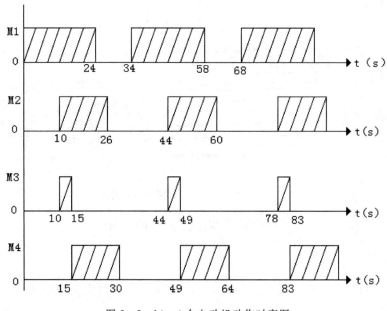

图 2-8-14　4 台电动机动作时序图

（3）有一状态转移图如图 2-8-15 所示，请对其进行编程。

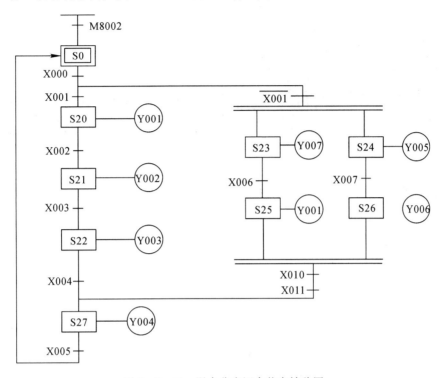

图 2-8-15　混合分支汇合状态转移图

项目九 霓虹灯广告屏显示控制系统设计与调试

一、学习目标

★知识目标

（1）明确功能指令的使用要素及应用。

（2）掌握三菱 FX$_{3U}$ 系列 PLC 的功能逻辑指令系统（左循环移位指令、右循环移位指令、位数据左移指令和位数据右移指令）。

★能力目标

（1）通过本项目的实训和操作，能够正确编写霓虹灯广告屏显示控制系统 PLC 控制程序。

（2）能够独立完成霓虹灯广告屏显示控制系统线路的安装。

（3）按规定进行通电调试，出现故障时，能根据设计要求独立检修，直至系统正常工作。

图 2-9-1 霓虹灯广告屏实物

二、项目介绍

★项目描述

霓虹灯的闪烁不能用人工控制，那样不会呈现给人们美的视觉。而用电气控制的话，中间使用的继电器，会有机械磨损，而霓虹灯的闪烁时间间隔是相当的短，几乎是零点几秒，这样看来使用电气控制是不太可能的。一种需要必然会有一种产品的出现，可编程控制器的出现就解决了这个问题，它具有独特的优点来控制霓虹灯的闪烁。广告屏灯管的亮灭、闪烁时间及流动方向等均可通过 PLC 来达到控制要求。

★控制要求

图2-9-2所示为某霓虹灯广告屏控制系统示意图。该控制系统共有8根灯管，24只流水灯，每4只流水灯为一组。请用FX₃ᵤ系列PLC对该控制系统进行设计并实施。

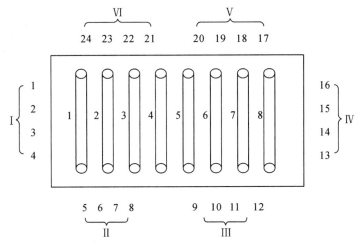

图2-9-2 霓虹灯广告屏控制系统示意图

参照常用霓虹灯广告屏控制系统显示效果，该控制系统控制功能设定如下：

(1) 该广告屏中间8根灯管亮灭的时序为第1根亮→第2根亮→第3根亮…→第8根亮，时间间隔1 s，全亮后，显示10 s，再反过来按8→7…→1顺序熄灭。全灭后，停亮2 s，再从第8根灯管开始点亮，顺序为8→7→…→1，时间间隔1 s，显示20 s。再按1→2→…→8顺序熄灭。全熄灭后，停亮2 s，再从头开始运行，周而复始。

(2) 广告屏四周的流水灯共24只，4个1组，共分6组，每组灯间隔1 s向前移动一次，且Ⅰ～Ⅳ每隔一组灯为亮，既从Ⅰ、Ⅲ亮→Ⅱ、Ⅳ亮→Ⅲ、Ⅴ亮→Ⅳ、Ⅵ亮…，移动一段时间后(如30 s)，再反过来移动，即从Ⅵ、Ⅳ亮→Ⅴ、Ⅲ亮→Ⅳ、Ⅱ亮→Ⅲ、Ⅰ亮…，如此循环往复。

(3) 控制系统有单步/连续控制，有启动和停止按钮。

(4) 控制系统灯管、流水灯的电压及供电电源均为市电220 V。

三、相关知识

(一) 功能指令概述

功能指令实际上是为方便用户使用而设置的功能各异的子程序调用指令，一条基本指令只能完成一个特定的操作，而一条功能指令却能完成一系列的操作，相当于执行了一个子程序，所以功能指令的功能更加强大，使编程更加精练。

1. 功能指令的结构

功能指令表示格式与基本指令不同。功能指令用编号FNC00～FNC246表示，并给出对应的助记符。例如，FNC45的助记符是MEAN(平均)。功能指令一般由指令名称和操作数两部分组成，如图2-9-3所示。

(1) 指令名称。指令名称用以表示指令实现的功能，通常用指令功能的英文缩写形式作助记符。例如，传送指令 MOV 实际是 MOVE 的缩写。每条指令都对应一个编号，用 FNC□□表示，指令不同，编号也不同。

(2) 操作数。操作数是指令执行时使用的或产生的数据，分为源操作数和目标操作数，大多数功能指令有 1 到 4 个操作数，也有的功能指令没有操作数。如图 2-9-3 中，S(Source) 表示源操作数，D(Destination) 表示目标操作数。源操作数和目标操作数不止 1 个时，可用 S1、S2、D1、D2 表示。

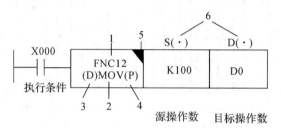

能指令编号；2—助记符；3—数据长度；4—执行形式；

5—操作数；6—变址功能；7—程序步数

图 2-9-3 功能指令的格式及使用要素

2. 功能指令操作数可用元件形式

功能指令的操作数可以是字软元件、位软元件和位软元件的组合等形式，如表 2-9-1 所示。

表 2-9-1 操作数(软元件)的含义

字 软 元 件	位 软 元 件
K：十进制整数	X：输入继电器
H：十六进制整数	Y：输出继电器
KnX：输入继电器 X 的位指定	M：辅助继电器
KnY：输出继电器 Y 的位指定	S：状态继电器
KnS：状态继电器 S 的位指定	
T：定时器 T 的当前值	
C：计数器 C 的当前值	
D：数据寄存器	
V、Z：变址寄存器	

位软元件：处理断开和闭合状态的元件为位软元件。

字软元件：处理数据的元件称字软元件。

由位软元件组合起来也可以构成字软元件，进行数据处理；每 4 个位软元件为一组，组合成一个单元，位软元件的组合由 Kn(n 在 1 至 7 之间)加首元件来表示。如 KnY 、KnX 等，K1Y0 表示由 Y0、Y1、Y2 、Y3 组成的 4 位字软元件；K4M0 表示由 M0～M15 组成的十六位字软元件。

变址寄存器都是十六位数据寄存器。如果 V＝5，Z＝10，则 D5V＝D10(5＋5＝10)，D5Z＝D15(5＋10＝15)。32 位指令中 V、Z 是自动组对使用，V 作为高 16 位，Z 作为低 16 位，使用时只需编写 Z。

3. 指令处理的数据长度

功能指令可以处理 16 位和 32 位数据。

如图 2－9－4 所示，指令第一行，当 X001 接通时，将 D1 中的 16 位数据与 D0 中的 16 位数据相加，结果放到 D10 中。指令第二行，当 X003 接通时，将 D12、D13 中的数据构成的 32 位数与 D10、D11 中的数据构成的 32 位数相加，结果放到 D16、D17 中。

图 2－9－4　功能指令的用法

4. 指令执行形式

功能指令有连续执行型和脉冲执行型两种形式，其中脉冲执行型是在指令名称后面加 P 表示。图 2－9－4 所示的 MOV 功能指令为连续执行型，当常开触点 X000 闭合时，该条传送指令在每个扫描周期都被重复执行。图 2－9－4 所示的 MOVP 功能指令为脉冲执行型，该条传送指令仅在常开触点 X001 由断开转为闭合时被执行。对不需要每个扫描周期都执行的指令，用脉冲执行方式可缩短程序处理时间。

循环移位与移位是控制程序中常见的操作。循环与移位指令是使数据、位组合的字数据向指定方向循环、移位的指令。

(二) 传送与比较类指令

1. 传送指令 MOV(FNC12)

传送指令 MOV(FNC12)的功能如表 2－9－2 所示。

表 2－9－2　传送指令 MOV(FNC12)功能表

功能编号	助记符	功　能	操作软元件	
			S.	D.
12	MOV	将源操作元件的数据传送到指定的目标操作元件	K、H、KnX、KnY、KnM、KnS、T、C、D、V、Z	KnY、KnM、KnS、T、C、D、V、Z

传送指令用法举例如图 2－9－5 所示。

2. 比较指令 CMP(FNC10)、区间比较指令 ZCP(FNC11)

比较指令 CMP(FNC10)、区间比较指令 ZCP(FNC11)功能如表 2 - 9 - 3 所示。

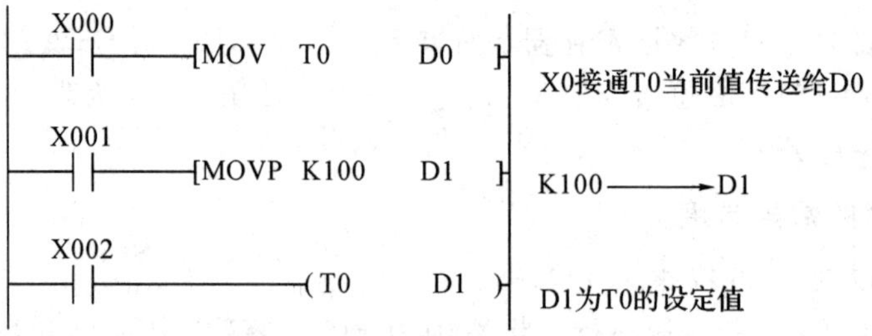

图 2 - 9 - 5　MOV 指令的用法

表 2 - 9 - 3　比较指令 CMP(FNC10)、区间比较指令 ZCP(FNC11)功能表

功能编号	助记符	功能	操作软元件			
			S1.	S2.	S.	D.
10	CMP	将源操作软元件 S1 与 S2 的内容比较	K、H、KnX、KnY、KnM、KnS、T、C、D、V、Z			X、Y、M、S、T、C、D、V、Z

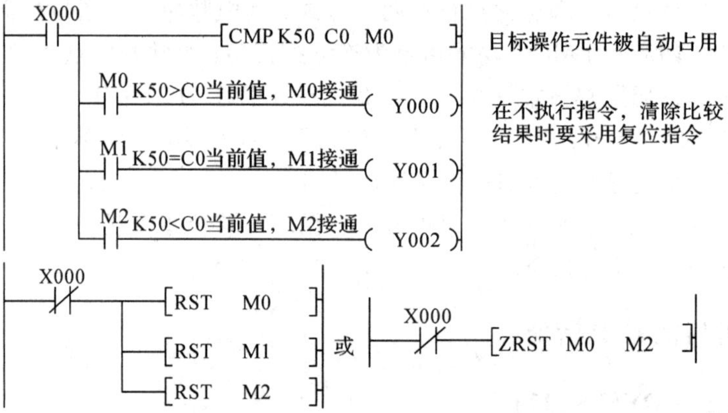

图 2 - 9 - 6　CMP 指令的用法

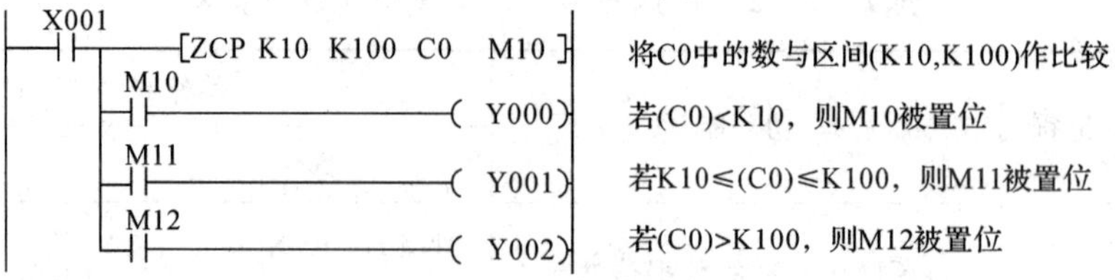

图 2 - 9 - 7　ZCP 指令的用法

【应用实例 1】

现有一把由两组数据锁定的密码锁。开锁时，只有输入两组正确的密码，锁才能打开。锁打开后，经过 5 s 再重新锁定。

本例中密码分别设定为$(345)_{16}$和$(ABC)_{16}$。梯形图如图2-9-8所示。

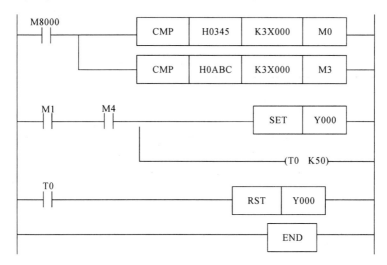

图2-9-8 密码锁梯形图

【应用实例2】

应用计数器与比较指令构成24小时可设定定时时间的控制器，每15分钟为一设定单位，共96个时间单位。梯形图如图2-9-9所示。

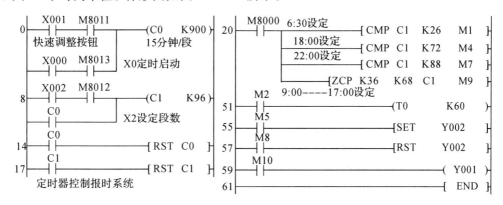

图2-9-9 24小时可设定定时时间控制器梯形图

现控制实现如下：

(1) 6:30电铃Y0每秒响一次，6次后自动停止。

(2) 9:00～17:00，启动校园报警系统Y1。

(3) 18:00开校内照明Y2。

(4) 22:00关校园内照明Y2。

(三) 循环指令

1. 循环左移/右移指令

1) 指令组成要素

右循环移位指令ROR或左循环移位指令ROL的功能是将一个字或双字的数据实现向

右或向左环形移位(数据旋转移位)。如果在目标元件中指定位元件组的组数,则只有 K4 (16 位运算指令)和 K8(32 位运算指令)有效,如 K4Y0 和 K8M10。循环移位指令组成要素见表 2-9-4 所示。

表 2-9-4　循环移位指令组成要素

指令名称	助记符	功能号	操作数		程序步
			D.	n(移位量)	
循环右移指令	ROR RORP	FNC30	K、H KnY、KnS KnM、T、C、D、V、Z	K、H n≤16(16 位) n≤32(32 位)	ROR、RORP：5 步 DROR、DRORP：9 步
循环右移指令	ROL ROLP	FNC31	K、H KnY、KnS KnM、T、C、D、V、Z	K、H n≤16(16 位) n≤32(32 位)	ROL、ROLP：5 步 DROL、DROLP：9 步

2)指令使用说明

执行右循环移位指令(或左循环移位指令)时,各位数据向右(或向左)循环移动 n 位,最后一次移出来的那一位数据同时存入进位标志 M8022 中。左循环移位和右循环移位的过程如图 2-9-10 和图 2-9-11 所示。

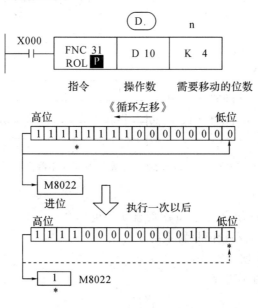

图 2-9-10　循环左移指令

循环左移指令的使用如图 2-9-10 所示。当动合触点 X000 闭合时,ROLP 指令执行,将 D0 中的数据左移(从低位往高位移)4 位,其中高 4 位移至低 4 位,最后移出的一位(即图中标有 * 号的位)除了移到 D0 的最低位外,还会移入进位标记继电器 M8022 中。为了避免每个扫描周期都进行左移，通常采用脉冲执行型指令 ROLP。

循环右移指令的使用如图 2-9-11 所示。当动合触点 X000 闭合时，RORP 指令执行，将 D0 中的数据右移（从高位往低位移）4 位，其中低 4 位移至高 4 位，最后移出的一位（即图中标有 * 号的位）除了移到 D0 的最高位外，还会移入进位标记继电器 M8022 中。为了避免每个扫描周期都进行左移，通常采用脉冲执行型指令 RORP。

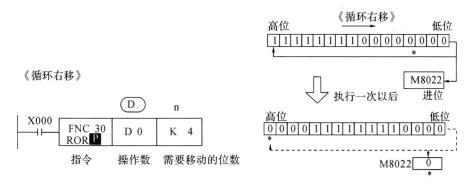

图 2-9-11　循环右移指令

3）程序举例

按下启动按钮后，8 盏灯以正序每隔 1 s 轮流点亮，当最后一盏灯亮后，停 3 s，然后以反序每隔 1 s 轮流点亮，当第一盏灯亮后，停 3 s，重复以上过程。当按下停止按钮时，停止工作。

（1）I/O 地址分配。I/O 地址分配见表 2-9-5 所示。

表 2-9-5　I/O 地址分配

输　入			输　出		
输入元件	输入点	作用	输出元件	输出点	作用
SB1	X1	启动按钮	HL	Y0-Y7	灯光控制
SB2	X2	停止按钮			

（2）梯形图。控制程序梯形图见图 2-9-12 所示。

```
      X001
0 ─┤├────────────────────────────────[PLS    M10]

      M10
3 ─┤├───────────────────────[MOVP   K1   K4Y000]

      X001   M1    X002
9 ─┤├──┬──┤/├──┤/├──────────────────────────(M0)
       │
      T1│
    ─┤├┤
       │
      M0│
    ─┤├┘

      M0    M8013
15 ─┤├───┤├──────────────────────[ROLP  K4Y000  K1]
```

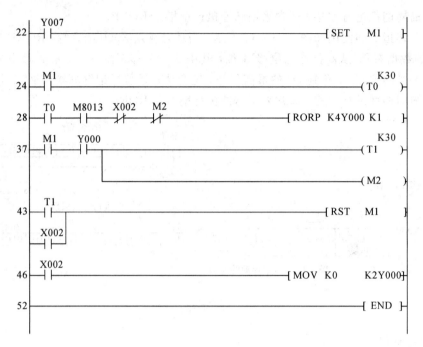

图 2-9-12 流水灯控制程序

2. 带进位循环右移指令

1）指令格式

带进位循环右移指令格式如表 2-9-6 所示。

表 2-9-6 带进位循环右移指令格式

指令名称	助记符	功能号	操 作 数		程序步
			D.	n（移位量）	
带进位循环右移指令	RCR	FNC32	K、H、KnY、KnS、KnM、T、C、D、V、Z	K、H n≤16(16位) n≤32(32位)	RCR、RCRP：5步 DRCR、DRCRP：9步

2）使用说明

带进位循环右移指令的使用如图 2-9-13 所示。当动合触点 X000 闭合时，RCRP 指

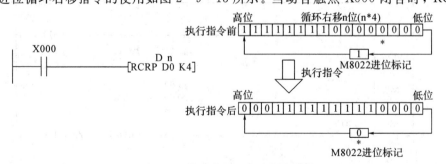

图 2-9-13 带进位循环右移指令的使用

令执行，将 D0 中的数据右移 4 位，D0 中的低 4 位与继电器 M8022 的进位标记位(图中为"1")一起往高 4 位移，D0 最后移出的一位(即图中标有 * 号的位)移入 M8022。为了避免每个扫描周期都进行右移，通常采用脉冲执行型指令 RCRP。

3. 带进位循环左移指令

1) 指令格式

带进位循环左移指令格式如表 2 - 9 - 7 所示。

表 2 - 9 - 7　带进位循环左移指令格式

指令名称	助记符	功能号	操 作 数		程序步
			D.	n(移位量)	
带进位循环左移指令	RCL	FNC33	K、 H、 KnY、KnS、KnM、T、C、D、V、Z	K、H n≤16(16 位) n≤32(32 位)	RCRL、RCLP:5 步 DRCL、DRCLP:9 步

2) 使用说明

带进位循环左移指令的使用如图 2 - 9 - 14 所示。当动合触点 X000 闭合时，RCLP 指令执行，将 D0 中的数据左移 4 位，D0 中的高 4 位与继电器 M8022 的进位标记位(图中为"0")一起往低 4 位移，D0 最后移出的一位(即图中标有 * 号的位)移入 M8022。为了避免每个扫描周期都进行左移，通常采用脉冲执行型指令 RCLP。

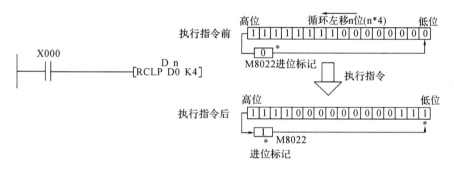

图 2 - 9 - 14　带进位循环左移指令的使用

4. 字右移指令

1) 指令格式

字右移指令格式如表 2 - 9 - 8 所示。

表 2 - 9 - 8　字右移指令格式

指令名称	助记符	功能号	操 作 数				程序步
			S	D	n1(目标位元件的个数)	n2(移位量)	
字右移指令	WSFR	FNC36	KnX、KnY、KnS、KnM、T、C、D	KnY、 KnS、KnM、T、C、D、	K、H n2≤n1≤1024		WSFR、WSFRP:9 步

2）使用说明

字右移指令的使用如图 2-9-15 所示。在图 2-9-15(a)中，当动合触点 X000 闭合时，WSFRP 指令执行，将 D3～D0 四个字元件的数据右移入 D25～D10 中，如图 2-9-10(b)所示，D0 为源起始字元件，D10 为目标起始字元件，K16 为目标字元件数量，K4 为移位量。WSFRP 指令执行后，D13～D10 的数据移出丢失，D25～D14 的数据移入原 D21～D10，D3～D0 则移入原 D25～D22。为了避免每个扫描周期都移动，通常采用脉冲执行型指令 WSFRP。

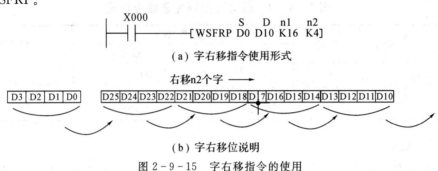

X000
S D n1 n2
[WSFRP D0 D10 K16 K4]

(a) 字右移指令使用形式

右移n2个字
D3 D2 D1 D0
D25 D24 D23 D22 D21 D20 D19 D18 D17 D16 D15 D14 D13 D12 D11 D10

(b) 字右移位说明

图 2-9-15 字右移指令的使用

5. 字左移指令

1）指令格式

字左移指令格式如表 2-9-9 所示。

表 2-9-9 字左移指令格式

指令名称	助记符	功能号	操作数				程序步
			S.	D.	n1（目标位元件的个数）	n2（移位量）	
字左移指令	WSFL	FNC37	KnX、KnY、KnS、KnM、T、C、D	KnY、KnS、KnM、T、C、D、	K、H n2≤n1≤1024		WSFL、WSFLP：9 步

2）使用说明

字左移指令的使用说明如图 2-9-16 所示。在图 2-9-16(a)中，当动合触点 X000 闭

X000
S D n1 n2
[WSFLP D0 D10 K16 K4]

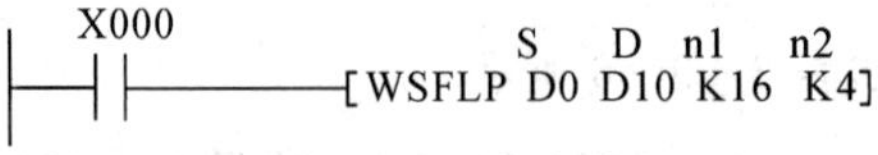

(a) 字左移指令使用形式

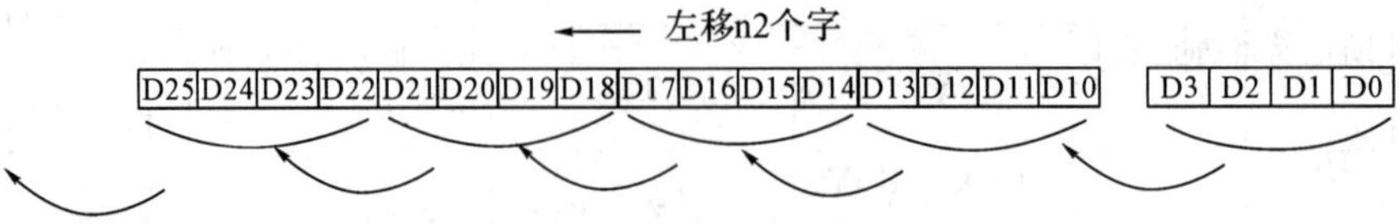

左移n2个字
D25 D24 D23 D22 D21 D20 D19 D18 D17 D16 D15 D14 D13 D12 D11 D10
D3 D2 D1 D0

(b) 字左移位说明

图 2-9-16 字左移指令的使用

合时，WSFLP 指令执行，将 D3～D0 四个字元件的数据左移入 D25～D10 中，如图 2-9-16(b)所示，D0 为源起始字元件，D10 为目标起始字元件，K16 为目标字元件数量，K4 为位移量。WSFLP 指令执行后，D25～D22 的数据移出丢失，D21～D10 的数据移入原 D25～D14，D3～D0 则移入原 D13～D10。为了避免每个扫描周期都移动，通常采用脉冲执行型指令 WSFLP。

6. 位右移和位左移指令

1）指令组成要素

位右移指令 SFTR 或位左移指令 SFTL 的功能是使目标位元件中的状态(0 或 1)成组地向右(或向左)移动。位右移指令和位左移指令的助记符、功能码、操作数范围和占用程序步骤见表 2-9-10。

表 2-9-10　位右移和位左移指令组成要素

指令名称	助记符	功能码 (处理位数)	操作数范围				占用程序步数
			S.	D.	n1	n2	
位右移	SFTR SFTRP	FNC34 (16)	X、Y、M、S	Y、M、S	K、H n2≤ n1≤1024		SFTR、SFTRP： 9 步
位左移	SFTL SFTLP	FNC35 (16)					SFTL、SFTLP： 9 步

2）指令使用说明

位左移指令的使用如图 2-9-17 所示。在图中，当动合触点 X10 闭合时，SFTLP 指令执行，将 X3～X0 四个元件的位状态(1 或 0)左移入 M15～M0 中，X0 为源起始位元件，M0 为目标起始位元件，K16 为目标位元件数量，K4 为移位量。为了避免每个扫描周期都移动，通常采用脉冲执行型指令 SFTLP。

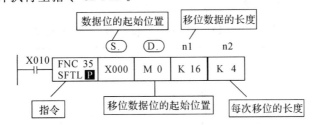

执行一次后：(M15～M12)→溢出

(M11～M8)→(M15～M12)

(M7～M4)→(M11～M8)

(M3～M0)→(M7～M4)

(X3～X0)→(M3～M0)

图 2-9-17　位左移指令的工作过程

位右移指令的使用如图 2-9-18 所示。在图中，当动合触点 X10 闭合时，SFTRP 指令执行，将 X3~X0 四个元件的位状态(1 或 0)右移入 M15~M0 中，X0 为源起始位元件，M0 为目标起始位元件，K16 为目标位元件数量，K4 为移位量。为了避免每个扫描周期都移动，通常采用脉冲执行型指令 SFTRP。

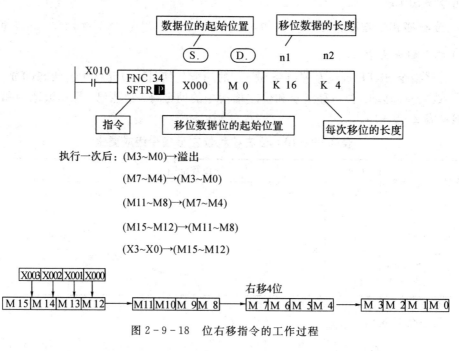

图 2-9-18　位右移指令的工作过程

7. 先进先出(FIFO)写指令

1) 指令格式

先进先出(FIFO)写指令格式如表 2-9-11 所示。

表 2-9-11　先进先出(FIFO)写指令格式

指令名称	助记符	功能号	操 作 数			程序步
			S.	D.	n(源操作元件数量)	
先进先出(FIFO)写指令	SFWR	FNC38	K、H、KnX、KnY、KnS、KnM、T、C、D、V、Z	KnY、KnS、KnM、T、C、D、	K、H 2≤n≤512	SFWR、SFWRP: 7 步

2) 使用说明

先进先出(FIFO)写指令的使用如图 2-9-19 所示。当动合触点 X000 闭合时，SFWRP 指令执行，将 D0 中的数据写入 D2 中，同时作为指示器(或称指针)的 D1 的数据自动为 1，当 X000 触点第二次闭合时，D0 中的数据被写入 D3 中，D1 中的数据自动变为 2，连续闭合 X000 触点时，D0 中的数据将依次写入 D4、D5……中，D1 中的数据也会自动递增 1，当 D1 超过 n-1 时，所有寄存器被存满，进位标志继电器 M8022 会被置 1。

图 2-9-19   先进先出(FIFO)写指令的使用

D0 为源操作元件，D1 为目标起始元件，K10 为目标存储元件数量。为了避免每个扫描周期都移动，通常采用脉冲执行型指令 SFWRP。

四、任务实施

1. 输入/输出分配表

霓虹灯广告屏显示控制系统输入/输出分配见表 2-9-12。

表 2-9-12   霓虹灯广告屏显示控制系统输入/输出分配表

输　入			输　出		
输入元件	输入点	作用	输出元件	输出点	作用
SB0	X0	启动开关	LED1-LED8	Y0-Y7	控制霓虹灯灯管
SB1	X1	停止开关	LED9-LED14	Y10-Y15	控制流水灯
SB2	X2	单步/连续运转开关			
SB3	X3	步进按钮			

2. 输入/输出接线图

用三菱 FX$_{3U}$ 型可编程控制器实现霓虹灯广告屏显示控制系统的输入/输出接线，如图 2-9-20 所示。

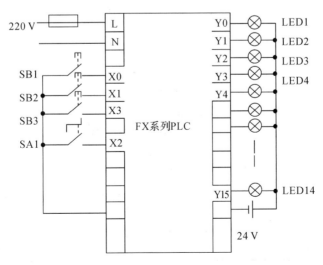

图 2-9-20   霓虹灯广告屏显示控制系统的输入/输出接线图

图 2-9-20 中，LED1～LED14 利用发光二极管进行模拟显示，而实际应用的电路中应加继电器等转换接口电路，并将电源改接为交流 220 V，具体电路读者可参照相关内容自行设计，此处不予介绍。此外，图 2-9-20 为省略画法，发光二极管 LED5～LED13 与 PLC 输出端口连接方式与 LED1～LED4 相同。

3. 控制程序设计

根据工艺过程和控制要求，采用移位指令及定时/计数指令设计的 PLC 控制霓虹灯广告屏控制器梯形图如图 2-9-21 所示。

由图 2-9-21 可知，该程序将移位指令和计数器指令进行了有机结合。Y0～Y7 的状态采用左移指令获得。当 M100 脉冲上升沿到来时，移位寄存器向左移动一次，每次移位时间间隔 1 s。所以当 8 根灯管全亮时，需 8 s。当 C0 计数器计到 8 次时，C0＝1，由 $\overline{C0}$ 与 M100 相"与"，故断开左移指令（SFTL）的脉冲输入，左移停止，Y0～Y7 全亮。延时 10 s 后，再由 Y7～Y0 顺序熄灭，此时采用右移的办法进行移位，既 M1＝$\overline{Y7}$·$\overline{Y6}$·$\overline{Y5}$·$\overline{Y4}$·$\overline{Y3}$·$\overline{Y2}$·$\overline{Y1}$·$\overline{Y0}$，既 $\overline{Y7}$～$\overline{Y0}$ 相"与"后，送到 Y7。

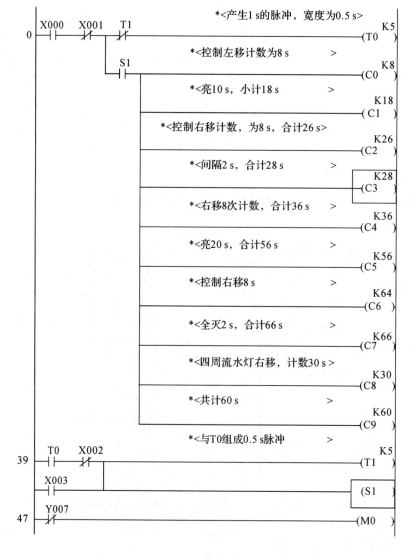

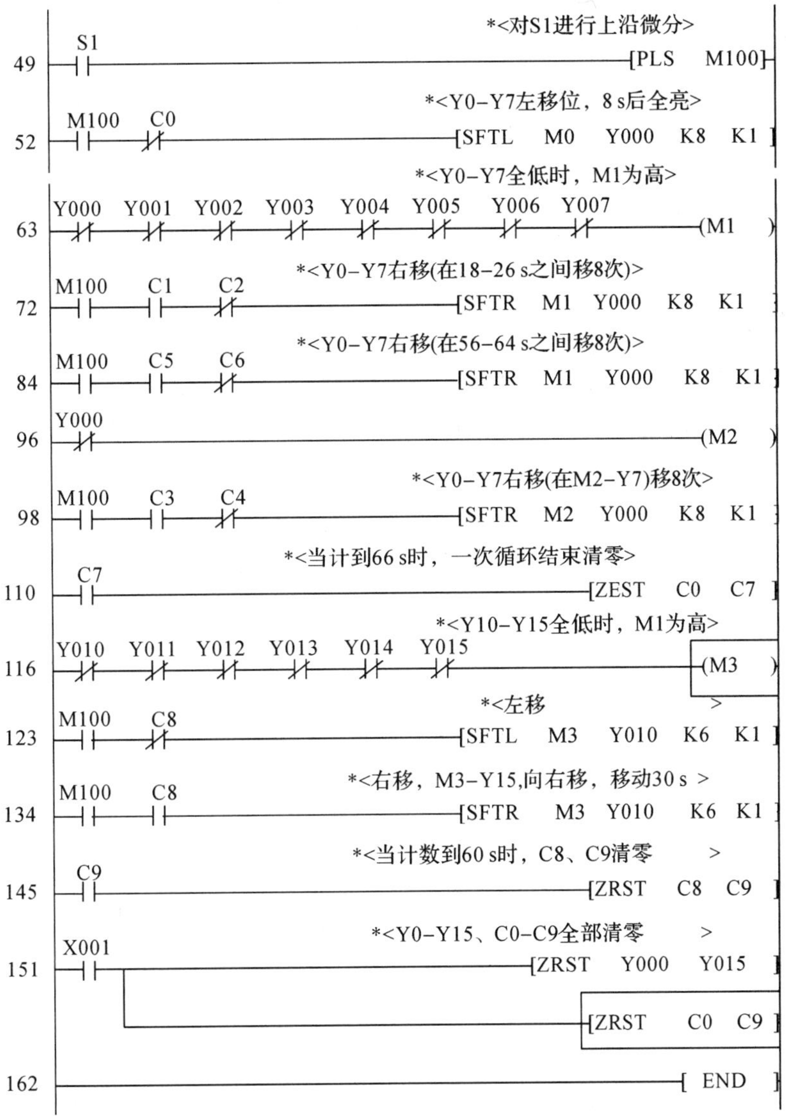

```
                                      *<对S1进行上沿微分>
      S1
49   ─┤├─                                        ─[PLS   M100]

                                      *<Y0-Y7左移位，8 s后全亮>
     M100   C0
52   ─┤├──┤/├─                          ─[SFTL  M0  Y000  K8  K1]

                                      *<Y0-Y7全低时，M1为高>
     Y000 Y001 Y002 Y003 Y004 Y005 Y006 Y007
63   ─┤/├─┤/├─┤/├─┤/├─┤/├─┤/├─┤/├─┤/├─              (M1)

                                      *<Y0-Y7右移(在18-26 s之间移8次)>
     M100   C1   C2
72   ─┤├──┤├──┤/├─                       ─[SFTR  M1  Y000  K8  K1]

                                      *<Y0-Y7右移(在56-64 s之间移8次)>
     M100   C5   C6
84   ─┤├──┤├──┤/├─                       ─[SFTR  M1  Y000  K8  K1]

     Y000
96   ─┤/├─                                          (M2)

                                      *<Y0-Y7右移(在M2-Y7)移8次>
     M100   C3   C4
98   ─┤├──┤├──┤/├─                       ─[SFTR  M2  Y000  K8  K1]

                                      *<当计到66 s时，一次循环结束清零>
      C7
110  ─┤├─                                       ─[ZEST  C0  C7]

                                      *<Y10-Y15全低时，M1为高>
     Y010 Y011 Y012 Y013 Y014 Y015
116  ─┤/├─┤/├─┤/├─┤/├─┤/├─┤/├─                     (M3)

                                      *<左移
     M100   C8
123  ─┤├──┤/├─                           ─[SFTL  M3  Y010  K6  K1]

                                      *<右移，M3-Y15,向右移，移动30 s >
     M100   C8
134  ─┤├──┤├─                            ─[SFTR  M3  Y010  K6  K1]

                                      *<当计数到60 s时，C8、C9清零   >
      C9
145  ─┤├─                                       ─[ZRST  C8  C9]

                                      *<Y0-Y15、C0-C9全部清零     >
     X001
151  ─┤├─┬─                               ─[ZRST  Y000  Y015]
        │
        └─                               ─[ZRST   C0   C9]

162  ───────────────────────────────────────────[ END ]
```

图 2-9-21　霓虹灯广告屏显示控制系统的梯形图

　　程序中 C0～C9 计数器用来计数，控制秒脉冲个数。四周流水灯程序由 C8、C9 控制。左移、右移的输出信号分别为 Y10、Y11、Y12、Y13、Y14、Y15。X0 为启动信号，X1 为停止信号，X2 为连续运行信号，X3 为单步脉冲调试信号。

　　值得注意的是，实际工程应用时，还需对此程序进行适当改进，硬件连接图部分需加入短路保护等保护措施。

4. 系统调试

（1）在断电状态下，连接好 PC/PPI 电缆。

（2）将 PLC 运行模式选择开关拨到"STOP"位置，此时 PLC 处于停止状态，可以进行程序编写。

（3）在作为编程器的计算机上，运行 GX Developer 编程软件。

（4）将图2-9-21所示的梯形图程序输入到计算机中。

（5）将程序文件下载到PLC中。

（6）将PLC运行模式的选择开关拨到"RUN"位置，使PLC进入运行方式。

（7）在教师的现场监护下进行通电调试，验证系统功能是否符合控制要求。

（8）如果出现故障，应分别检查硬件接线和梯形图程序是否有误，修改完成后应重新调试，直至系统能够正常工作。

（9）记录程序调试的结果。

五、拓展训练

现有一艺术彩灯模拟控制面板如图2-9-22所示，图中a、b、c、d、e、f、g、h分别为8路LED发光二极管，模拟彩灯显示，上面8路形成一个环形，下面8路形成一字形，上下同时控制，形成交相辉映的效果。

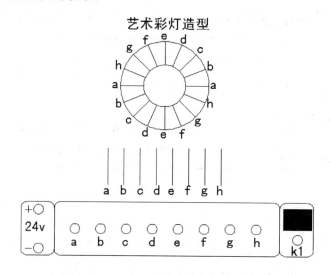

图2-9-22 控制系统示意图

艺术彩灯控制要求：系统开关启动后，① 快速顺序点亮，然后顺序熄灭；② 快速逆序点亮，然后全部熄灭；③ 慢速顺序点亮，然后顺序熄灭；④ 快速闪烁；⑤ 慢速闪烁；⑥ 要求系统能够自动循环。开关断开后全部熄灭并复位。

六、巩固与提高

（1）什么是功能指令？有何作用？

（2）什么叫"位"软元件？什么叫"字"软元件？有什么区别？

（3）说明变址寄存器V和Z的作用。当V＝10时，说明以下组合的含义。

K20V D5V Y4V K4X5V K4Y0V

（4）实现广告牌中字的闪耀控制。用L1～L12十二盏灯分别照亮"湖南水利水电职业技术学院"，L1亮时，照亮"湖"、L2亮时，照亮"南"，依次照亮，直至L12亮时，照亮"院"。然后全部点亮，再全部熄灭，闪烁4次，循环往复。试用移位指令实现此功能。

（5）某灯光招牌有L1～L8八盏霓虹灯，要求当按下启动按钮时，霓虹灯先以正序每隔

1 s 轮流点亮，当 L8 亮后，停 5 s；然后以反序每隔 1 s 轮流点亮，当 L1 亮后，停 5 s，重复上述过程。按停止按钮，停止工作，设计控制程序实现此功能。

（6）试用 SFTL 位左移指令构成移位寄存器，实现广告牌的闪耀控制。用 HL1～HL4 四只灯分别照亮"欢迎光临"四个字。其控制流程要求如下表 2-9-13 所示，要求每步隔 1 s，不断循环。

表 2-9-13 广告牌控制流程

步序	1	2	3	4	5	6	7	8
HL1	×				×		×	
HL2		×			×		×	
HL3			×		×		×	
HL4				×	×		×	

说明：表中，"×"表示点亮。

项目十　自动售货机控制系统设计与调试

一、学习目标

★知识目标

（1）掌握三菱 FX$_{3U}$ 系列 PLC 的功能逻辑指令系统（加法应用指令、减法应用指令、二进制除法指令、二进制数加 1 指令和二进制数减 1 指令）。

（2）明确功能指令的使用要素及应用。

★能力目标

（1）通过本项目的实训和操作，能够正确编写自动售货机控制系统 PLC 控制程序。

（2）能够独立完成自动售货机控制系统线路的安装。

（3）按规定进行通电调试，出现故障时，能根据设计要求独立检修，直至系统正常工作。

二、项目介绍

★项目描述

自动售货机工作示意图如图 2 - 10 - 1 所示。HL1、HL2 和 HL3 为指示灯，它们分别是：咖啡指示灯 HL1、汽水指示灯 HL2、找钱指示灯 HL3。SB1、SB2 和 SB3 为手动按钮，它们分别是：【咖啡】按钮 SB1、【汽水】按钮 SB2、【计数手动复位】按钮 SB3。计数是对输入钱数、余数的计数。

★控制要求

（1）该自动售货机可投入 1 元、5 元或 10 元硬币。

（2）当投入的硬币总值等于或超过 12 元时，汽水指示灯亮；当投入的硬币总值超过 15 元时，汽水指示灯、咖啡指示灯均亮。

（3）当汽水指示灯亮时，按动【汽水】按钮，则汽水排出，7 s 后自动停止。在排出汽水的同时，汽水指示灯作闪烁动作，排出汽水动作结束后，指示灯关闭。

（4）当咖啡指示灯亮时，按动【咖啡】按钮，则咖啡排出，7 s 后自动停止。在排出咖啡的同时，咖啡指示灯闪烁动作，排出咖啡动作结束后，指示灯关闭。

（5）若投入的硬币总值超过所需钱数，则找钱指示灯亮。

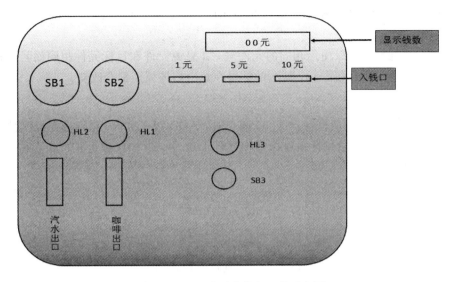

图 2 - 10 - 1　自动售货机工作示意图

三、相关知识

算术运算功能指令有 FNC20～FNC25 共 6 条，用于实现基本数据运算。通过算术运算可以实现数据的传送、变换及其他控制功能。

1. 二进制加法运算指令

加法指令 ADD(ADDITION，FNC20)的功能是将指定的源元件中的二进制数相加，结果送到指定的目标元件中去。

1）指令格式

二进制加法指令格式见表 2 - 10 - 1 所示。

表 2 - 10 - 1　二进制加法指令格式

指令名称	助记符	功能号	操 作 数			程序步
			S1.	S2.	D.	
二进制加法运算指令	ADD	FNC20	K、 H、 KnX、KnY、KnS、KnM、T、C、D、V、Z		KnY、KnS、KnM、T、C、D、V、Z	ADD、 ADDP：7 步　DADD、DADDP：13 步

2）使用说明

加法指令 ADD 会影响到三个特殊辅助继电器(标志位)：零标志 M8020、借位标志 M8021 和进位标志 M8022。

如果运算结果为 0，则 M8020＝1；如果运算结果小于－32767(16 位运算)或－2147483647(32 位运算)，则 M8021＝1；如果运算结果超过－32767(16 位运算)或－2147483647(32 位运算)，则 M8022＝1。

应注意在 32 位运算中,被指定的起始字元件是低位字(低 16 位),而紧邻的下一个元件为高位字(16 位元件)。

源元件和目标元件可以使用相同的元件号,如果源元件和目标元件相同而且采用连续执行方式的 ADD/DADD 指令时,加法的结果在每个扫描周期都会改变。

3)举例

在图 2-10-2 中,当动合触点 X000 闭合时,ADD 指令执行,将两个源操元件 D10 和 D12 中的数据进行相加,结果存入目标操作元件 D14 中。源操作数可正可负,它们是以代数形式进行相加。

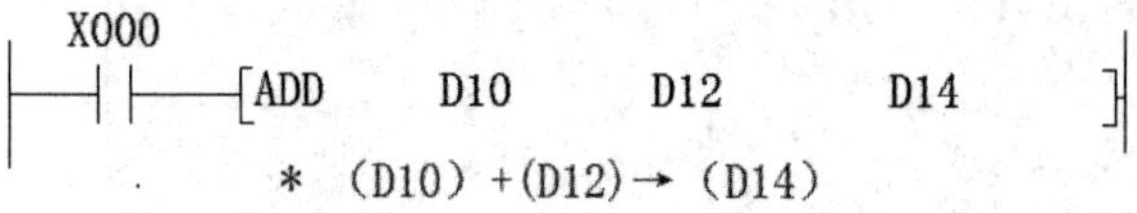

```
     X000
   ┤ ├────────[ADD      D10        D12        D14        ]
              *  (D10)+(D12)→(D14)
```

图 2-10-2 ADD 指令的使用

在图 2-10-3 中,当动合触点 X000 闭合时,DADD 指令执行,将源操元件 D11、D10 和 D13、D12 分别组成 32 位数据再进行相加,结果存入目标操作元件 D15、D14 中。当进行 32 位数据运算时,要求每个操作数是两个连号的数据寄存器,为了确保不重复,指定的元件最好为偶数编号。

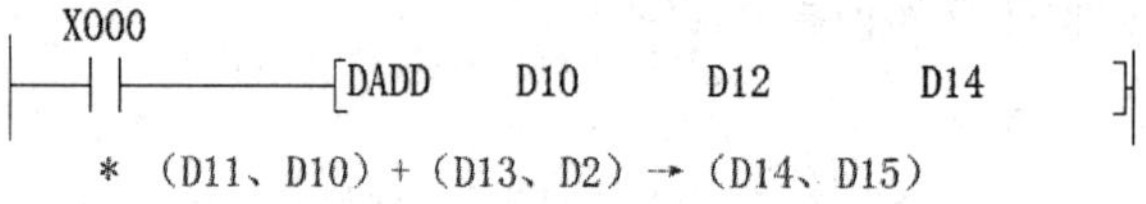

```
     X000
   ┤ ├────────────[DADD     D10        D12        D14        ]
        *  (D11、D10)+(D13、D2)→(D14、D15)
```

图 2-10-3 DADD 指令的使用

在图 2-10-4 中,当动合触点 X001 闭合时,ADDP 指令执行,将 D0 中的数据加 1,结果仍存入 D0 中。当一个源操作数和一个目标操作数为同一元件时,最好采用脉冲执行型加指令 ADDP,因为若是连续型加指令,每个扫描周期指令都要执行一次,所得结果很难确定。

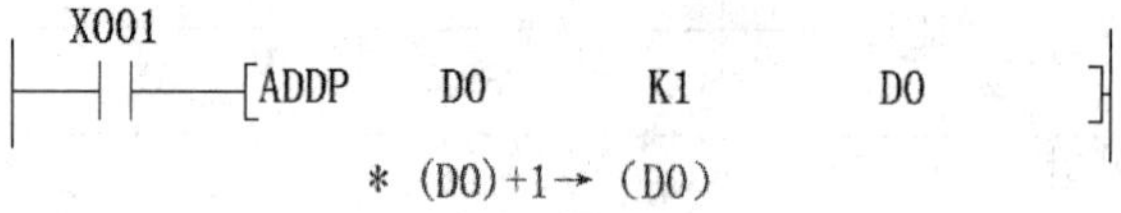

```
     X001
   ┤ ├────────[ADDP     D0         K1         D0         ]
              *  (D0)+1→(D0)
```

图 2-10-4 ADDP 指令的使用

2. 二进制减法运算指令

减法指令 SUB(SUBTRACTION,FNC21)的功能是将第一个源元件指定的软件中的数据以二进制形式减去第二个源元件指定的软件中的数据,结果送入由目标元件指定的软元件中。

1)指令格式

二进制减法运算指令格式见表 2-10-2 所示。

表 2-10-2 二进制减法运算指令格式

指令名称	助记符	功能号	操作数			程序步
			S1.	S2.	D.	
二进制减法运算指令	SUB	FNC21	K、H、KnX、KnY、KnS、KnM、T、C、D、V、Z		KnY、KnS、KnM、T、C、D、V、Z	SUB、SUBP：7 步 DSUB、DSUBP：13 步

2）使用说明

减法指令会影响到三个标志位（零标志 M8020、借位标志 M8021 和进位标志 M8022）的动作，32 位运算中软元件的指定方法及连续执行方式、脉冲执行方式的区别等项目内容均与上述的加法指令的解释相同。

在进行减法运算时，若运算结果为 0，零标志继电器 M8020 会动作，若运算结果超出 $-32768 \sim +32767$（16 位数相减）或 $-2147483648 \sim +2147483647$（32 位数相减）范围，借位标志继电器 M8022 会动作。

3）程序举例

在图 2-10-5 中，当动合触点 X000 闭合时，SUB 指令执行，将 D10 和 D12 中的数据进行相减，结果存入目标操作元件 D14 中。源操作数可正可负，它们是以代数形式进行相减的。

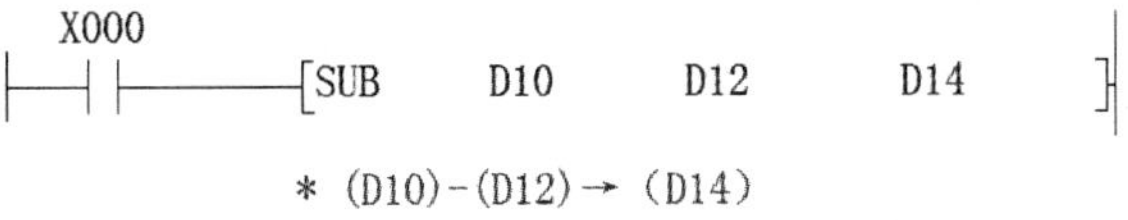

```
      X000
   ├──┤ ├──────[SUB    D10      D12       D14      ]┤
        * (D10)-(D12)→(D14)
```

图 2-10-5 SUB 指令的使用

在图 2-10-6 中，当动合触点 X000 闭合时，DSUB 指令执行，将源操元件 D11、D10 和 D13、D12 分别组成 32 位数据再进行相减，结果存入目标操作元件 D15、D14 中。当进行 32 位数据运算时，要求每个操作数是两个连号的数据寄存器，为了确保不重复，指定的元件最好为偶数编号。

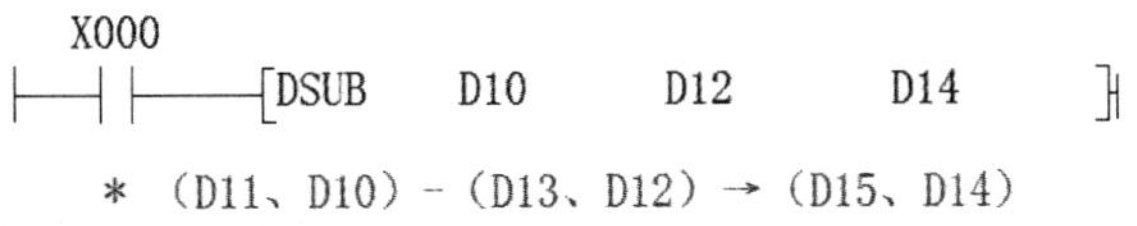

```
      X000
   ├──┤ ├──────[DSUB    D10      D12       D14      ]┤
        * (D11、D10)-(D13、D12)→(D15、D14)
```

图 2-10-6 DSUB 指令的使用

在图 2-10-7 中，当动合触点 X001 闭合时，SUBP 指令执行，将 D0 中的数据减 1，结果仍存入 D0 中。当一个源操作数和一个目标操作数为同一元件时，最好采用脉冲执行型减指令 SUBP，因为若是连续型加指令，每个扫描周期指令都要执行一次，所得结果很难确定。

使用加法和减法指令时请注意，运算数据为有符号的二进制数，最高位为符号位，0 代表正数，1 代表负数。

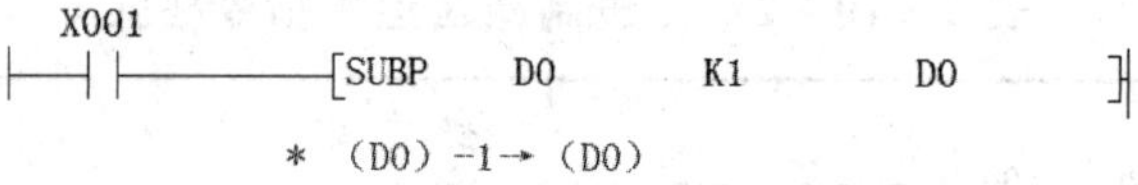

```
     X001
    ──┤├────────────────[SUBP    D0      K1      D0      ]┤
              * (D0)-1→ (D0)
```

图 2 - 10 - 7　SUBP 指令的使用

3. 二进制乘法运算指令

乘法指令 MUL(MULTIPLICATION，FNC22)是将指定的源元件中的二进制数相乘，结果送到指定的目标元件中去，数据均为有符号数。

1) 指令格式

二进制乘法运算指令格式见表 2 - 10 - 3 所示。

表 2 - 10 - 3　二进制乘法运算指令格式

指令名称	助记符	功能号	操作数			程序步
			S1.	S2.	D.	
二进制乘法运算指令	MUL	FNC22	K、 H、 KnX、KnY、 KnS、 KnM、T、C、D、V、Z	KnY、KnS、KnM、T、C、D、V、Z(V、Z 不能用于 32 位)		MUL、 MULP：7 步 DMUL、DMULP：13 步

2) 使用说明

MUL 是二进制乘法指令，有 16 位操作数 MUL、MULP 和 32 位操作数 DMUL、DMULP 两种形式。

乘法指令是把源数 S1 和 S2 相乘，将结果存到目标元件 D 中。当源操作数是 16 位，目的操作数是 32 位时，则 D 为目标操作数的首地址。

3) 程序举例

在图 2 - 10 - 8 中，当动合触点 X000 闭合时，MUL 指令执行，D10 和 D12 两个 16 位数乘积运算时，结果为 32 位，故需将结果存入 D15 和 D14 中。

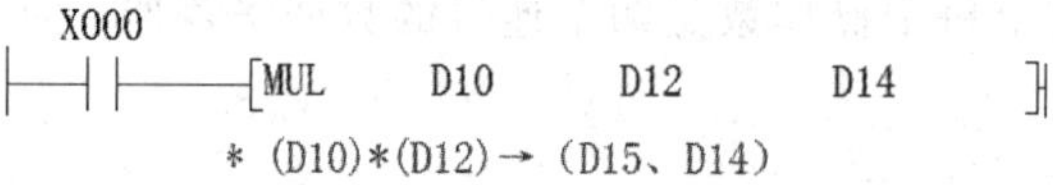

```
     X000
    ──┤├────────────[MUL     D10     D12     D14     ]┤
              * (D10)*(D12)→ (D15、D14)
```

图 2 - 10 - 8　MUL 指令的使用

在图 2 - 10 - 9 中，当动合触点 X000 闭合时，DMUL 指令执行，D11、D10 和 D13、D12 两个 32 位数乘积运算时，结果为 64 位，故需将结果存入 D17、D16、D15 和 D14 中。

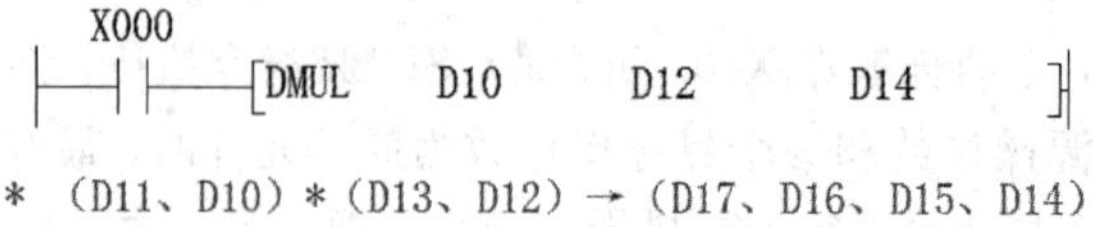

```
     X000
    ──┤├────────────[DMUL    D10     D12     D14     ]┤
     * (D11、D10) * (D13、D12) → (D17、D16、D15、D14)
```

图 2 - 10 - 9　DMUL 指令的使用

4. 二进制除法运算指令

除法指令 DIV(DIVISION，FNC23)功能是将【S1.】作为被除数，【S2.】作为除数，将商数送到【D】指定的目标元件中，余数送到【D】紧邻的下一个软元件中。

1）指令格式

二进制除法运算指令格式见表 2 - 10 - 4 所示。

表 2 - 10 - 4　二进制除法运算指令格式

指令名称	助记符	功能号	操 作 数			程序步
			S1.	S2.	D.	
二进制除法运算指令	DIV	FNC23	K、 H、 KnX、KnY、KnS、KnM、T、C、D、V、Z		KnY、KnS、KnM、T、C、D、V、Z(V、Z 不能用于 32 位)	DIV、DIVP：7 步 DDIV、DDIVP：13 步

2）使用说明

商与余数中二进制数的最高位是符号位，0 代表正数，1 代表是负数，被除数或除数中有一个为负数时，商为负数；被除数为负数时，余数为负数。

当除数为 0 时，运算会发生错误，不能执行命令。

若将位元件作为目标操作数，无法得到余数。

3）程序举例

在图 2 - 10 - 10 中，当动合触点 X000 闭合时，DIV 指令执行 16 位数除法，D10 和 D12 两个 16 位数除法运算时，商为 16 位放入 D14 中，余数也为 16 位放入 D15 中。

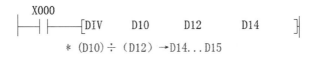

图 2 - 10 - 10　DIV 指令的使用

在图 2 - 10 - 11 中，当动合触点 X000 闭合时，DIV 指令执行 32 位数除法，D11、D10 和 D13、D12 进行 32 位数除法运算时，商为 32 位放入 D15、D14 中，余数也为 32 位放入 D17、D16 中。

图 2 - 10 - 11　DDIV 指令的使用

[例 2 - 10 - 1]　编程完成以下算术运算：$Y = 18X/4 - 10$。

（1）输入/输出分配表见表 2 - 10 - 5 所示。

表 2 - 10 - 5 输入/输出分配表

输入			输出		
输入元件	输入点	作用	输出元件	输出点	作用
	X0 - X7	输入二进制数		Y0 - Y7	运算结果
SB1	X10	启动开关			

(2) 控制程序设计, 如图 2 - 10 - 12 所示。

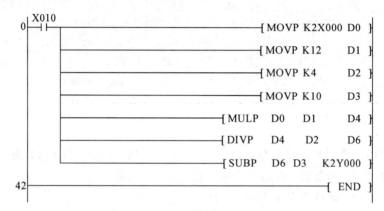

图 2 - 10 - 12 控制程序

[例 2 - 10 - 2] 编写直圆锥体积公式运算程序。

$$V = 1/3 \times (\pi r^2 \times h)$$

其中, r 是底圆的半径, h 是高。程序如图 2 - 10 - 13 所示。

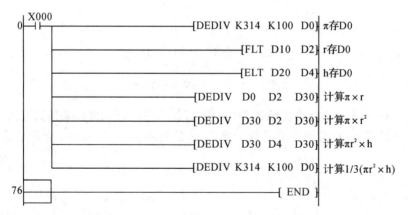

图 2 - 10 - 13 直圆锥体积公式运算程序

5. 二进制加 1 运算指令

1) 指令格式

二进制加 1 运算指令格式见表 2 - 10 - 6 所示。

表 2 - 10 - 6　二进制加 1 运算指令格式

指令名称	助记符	功能号	操 作 数		程序步
			D.		
二进制加 1 运算指令	INC	FNC24	KnY、KnS、KnM、T、C、D、V、Z		INC、INCP：3 步 DINC、DINCP：5 步

2）使用说明

在加 1 运算时，在 16 位运算中，到 +32767 再加 1 就变为 -32768，但不影响标志位动作。类似的，32 位运算到 +2147483647 再加 1 变为 -2147483648 时，标志位也不动作。

3）程序举例

如图 2 - 10 - 14 所示，当动合触点 X000 闭合时，INCP 指令执行，数据寄存器 D12 中的数据自动加 1。若采用连续执行型指令 INC，则每个周期数据都要增加 1，在 X000 闭合时可能会经过多个扫描周期，因此增加结果很难确定，故常采用脉冲执行型指令进行加 1 运算。

图 2 - 10 - 14　二进制加 1 指令的使用

6. 二进制减 1 运算指令

1）指令格式

二进制减 1 运算指令见表 2 - 10 - 7 所示。

表 2 - 10 - 7　二进制减 1 运算指令格式

指令名称	助记符	功能号	操 作 数		程序步
			D.		
二进制减 1 运算指令	DEC	FNC25	KnY、KnS、KnM、T、C、D、V、Z		DEC、DECP：3 步 DDEC、DDECP：5 步

2）使用说明

在减 1 运算时，在 16 位运算中，到 -32768 再减 1 就变为 +32767，但不影响标志位动作。同理，32 位运算到 -2147483648 再加 1 变为 +2147483647 时，标志位也不动作。

3）程序举例

如图 2 - 10 - 15 所示，当动合触点 X000 闭合时，DECP 指令执行，数据寄存器 D12 中的数据自动减 1。为保证 X000 每闭合一次数据减 1 一次，从采用脉冲执行型指令进行减 1 运算。

图 2 - 10 - 15　二进制减 1 指令的使用

7. 逻辑运算类指令

(1) 逻辑与指令 WAND。(D)WAND(P)指令的编号为 FNC26。是将两个源操作数按位进行与操作,结果送指定元件。如图 2 - 10 - 16 所示,当 X0 有效时,(D10)∧(D12)→(D14)。

(2) 逻辑或指令 WOR。(D) WOR (P)指令的编号为 FNC27。它是对二个源操作数按位进行或运算,结果送指定元件。如图 2 - 10 - 16 所示,当 X1 有效时,(D10)∨(D12)→(D14)。

(3) 逻辑异或指令 WXOR。(D) WXOR (P)指令的编号为 FNC28。它是对源操作数位进行逻辑异或运算,结果送指定元件。

(4) 求补指令 NEG。(D) NEG (P)指令的编号为 FNC29。其功能是将[D.]指定的元件内容的各位先取反再加 1,将其结果再存入原来的元件中。

WAND、WOR、WXOR 和 NEG 指令的使用如图 2 - 10 - 16 所示。

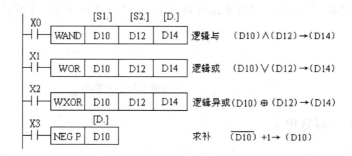

图 2 - 10 - 16 逻辑运算指令的使用

【应用实例】

某机场装有 16 只指示灯,用于各种场合的指示,接于 K4Y000。一般情况下总是有的指示灯是亮的,有的指示灯是灭的。但机场有时候需将灯全部打开,有时也需将灯全部关闭。现需设计一种电路,用一只开关打开所有的灯,用另一只开关熄灭所有的灯。16 只指示灯在 K4Y000 的分布如图 2 - 10 - 17 中所示。

图 2 - 10 - 17 指示灯在 K4Y000 的分布图

解 程序采用逻辑控制指令来完成这一功能。先为所有的指示灯设一个状态字,随时将各指示灯的状态送入。再设一个开灯字,一个熄灯字。开灯字内置 1 的位和灯在 K4Y000 中的排列顺序相同。熄灯字内置 0 的位和 K4Y000 中灯的位置相同。开灯时将开灯字和灯的状态字相"或",灭灯时将熄灯字和灯的状态字相"与",即可实现控制要求的功能。相关梯形图如图 2 - 10 - 18 所示。

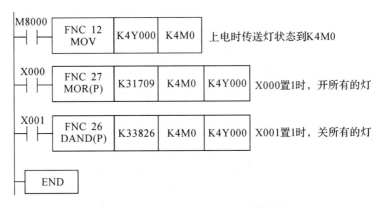

图 2 - 10 - 18　指示灯测试电路梯形图

8. 触点比较指令（FNC220～FNC246）

触点比较指令的作用相当于一个触点，当满足一定条件时，触点接通。触点比较指令的说明见表 2 - 10 - 8 所示。

表 2 - 10 - 8　触点比较指令说明

指令名称	功　能	操作数 S1.	操作数 S2.	指令名称	功　能	操作数 S1.	操作数 S2.
FNC224 LD=	连接母线的触点比较相等指令			FNC236 AND< >	串联触点比较不等指令		
FNC225 LD>	连接母线的触点比较大于指令			FNC237 AND≤	串联触点比较不大于指令		
FNC226 LD<	连接母线的触点比较小于指令			FNC238 AND≥	串联触点比较不小于指令		
FNC228 LD< >	连接母线的触点比较不等指令			FNC240 OR=	并联触点比较相等指令		
FNC229 LD≤	连接母线的触点比较不大于指令	K、H、KnX、KnY、KnM、KnS、T、C、D、V、Z		FNC241 OR>	并联触点比较大于指令	K、H、KnX、KnY、KnM、KnS、T、C、D、V、Z	
FNC230 LD≥	连接母线的触点比较不小于指令			FNC242 OR<	并联触点比较小于指令		
FNC232 AND=	串联触点比较相等指令			FNC244 OR< >	并联触点比较不等指令		
FNC233 AND>	串联触点比较大于指令			FNC245 OR≤	并联触点比较不大于指令		
FNC234 AND<	串联触点比较小于指令			FNC246 OR≥	并联触点比较不小于指令		

连接母线的触点比较指令，作用相当于一个与母线相连的触点，当满足相应的导通条件时，触点导通。串联/并联触点比较指令，作用相当于串联/并联一个触点，当被串联/并联的触点满足相应的导通条件时，触点导通。例如，使用各类触点比较大于指令时，当(S1.)＞(S2.)时，触点导通，否则不导通。使用各类触点比较小于指令时，则当(S1.)＜(S2.)时，触点导通，否则不导通。使用 32 位指令时，在指令的文字符号后面加 D，比较符号不变。例如，32 位并联触点不大于指令助记符为"ANDD≤"。触点比较指令的用法如图 2-10-19 所示。

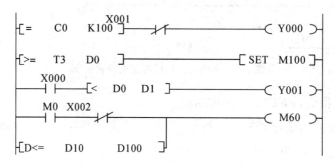

图 2-10-19 触点比较指令的用法

【应用实例】

试用功能指令编写梯形图程序，使如图 2-10-20(a)所示数码管依次显示字母 A、B、C、D、E、F、G，并循环。要求两字之间的时间间隔为 1 s。合上启动开关开始，关闭启动开关立即全灭。使常开启动开关接 X000，数码管的 A、B、C、D、E、F、G 段分别接 Y000、Y001、Y002、Y003、Y004、Y005、Y006。作出梯形图如图 2-10-20(b)所示。

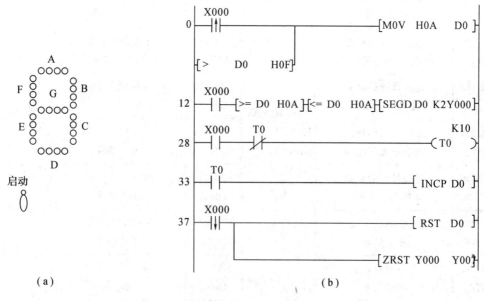

图 2-10-20 字母显示

四、任务实施

1. 输入/输出分配表

自动售货机控制系统输入/输出分配见表 2 - 10 - 9。

表 2 - 10 - 9　自动售货机控制系统输入/输出分配表

输　入			输　出		
输入元件	输入点	作用	输出元件	输出点	作用
KA1	X0	1 元投入口传感器	KM0	Y0	咖啡出口电磁阀
KA2	X1	5 元投入口传感器	KM1	Y1	汽水出口电磁阀
KA3	X2	10 元投入口传感器	HL1	Y4	咖啡指示灯
SB1	X3	出咖啡按钮	HL2	Y5	汽水指示灯
SB2	X4	出汽水按钮	HL3	Y6	找钱指示灯
SB3	X7	计数手动复位按钮			

2. 输入/输出接线图

用三菱 FX_{3U} 型 PLC 实现自动售货机控制系统的输入/输出接线，如图 2 - 10 - 21 所示。

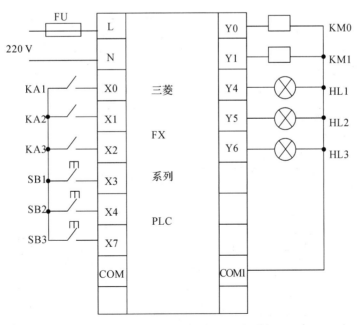

图 2 - 10 - 21　自动售货机控制系统的输入/输出接线图

3. 控制程序设计

对于复杂的控制程序，在开始编程前，要根据控制功能要求进行细致的分析，以便对程序的整体结构与编程思路有一个基本的构思。流程图不同于顺序功能图，后者可以直接上机编写，而流程图主要表达的是一种基本构思。顺序功能图只对用步进指令编程的程序使用，而流程图可以用任何指令来进行编程。绘制流程图是一种分析功能的常用方法。流程图又称为流程框图或框图，它用约定的几何图形、有向线和简单的文字说明来描述 PLC 的处理过程和程序的执行步骤。

用流程图来分析自动售货机的控制功能，描述 PLC 程序的执行步骤，如图 2-10-22 所示。绘制流程图为接下来的编程打好了基础。有了这个基础，编程就会简单得多，也不至于多次返工。

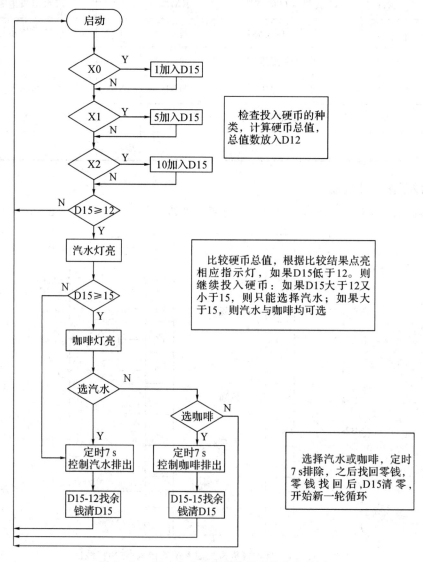

图 2-10-22　自动售货机控制系统的流程图

图 2-10-23 为自动售货机控制系统流的梯形图及功能详解。

```
                                                    *<1元硬币投入        >
    X000
 0 ─┤├────────────────────────────────────────────[PLS   M0  ]
                                                    *<5元硬币投入        >
    X001
 3 ─┤├────────────────────────────────────────────[PLS   M1  ]
                                                    *<10元硬币投入       >
    X002
 6 ─┤├────────────────────────────────────────────[PLS   M2  ]
                                                    *<投入1元自动加1     >
    M0
 9 ─┤├───────────────────────────────────────[ADD   D15  K1   D15 ]
                                                    *<投5元自动加5       >
    M1
17 ─┤├───────────────────────────────────────[ADD   D15  K5   D15 ]
                                                    *<投10元自动加10     >
    M2
25 ─┤├───────────────────────────────────────[ADD   D15  K10  D15 ]

    M8000
33 ─┤├───────────────────────────────────────[CMP   D15  K12  M3  ]
                                                    *<投入的硬币是否超15 >
    │
    └─────────────────────────────────────────[CMP   D15  K15  M6  ]
                                                    *<选择汽水           >
    X004
48 ─┤├────────────────────────────────────────────[SET   M10 ]
                                                    *<放汽水7 s后关      >
    M16
50 ─┤├────────────────────────────────────────────[SET   M10 ]
                                                    *<汽水指示灯亮        >
    M3  M10 M8013 T0  M11
52 ─┤├──┬─┤├──┤├──┤/├──┤/├──────────────────────────(Y005)
    M4  │ M10
    ├──┤├─┤/├┤
    M6  │
    ├──┤├─┤
    M7  │
    └──┤├─┘
                                                    *<汽水排出口          >
    M3  M10  T0  Y000
63 ─┤├──┤├──┤/├──┤/├────────────────────────────────(Y001)
    M4
    └──┤├─┘
                                                    *<汽水排出7 s        >
    M10                                                 K70
69 ─┤├────────────────────────────────────────────(T0  )
    T0
73 ─┤├────────────────────────────────────────────[PLS   M16 ]
    M10
76 ─┤├────────────────────────────────────────────[PLS   M20 ]
                                                    *<选择汽水后余钱结算 >
    M20
79 ─┤├───────────────────────────────────────[SUB   D15  K12  D16 ]
    M11
87 ─┤├────────────────────────────────────────────[PLS   M12 ]
                                                    *<选择咖啡后余钱结算 >
    M12
90 ─┤├───────────────────────────────────────[SUB   D15  K15  D16 ]
```

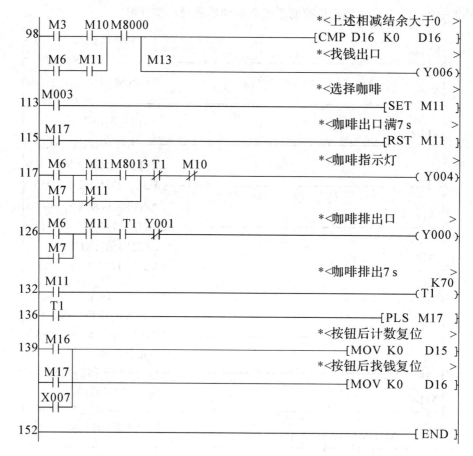

图 2-10-23　自动售货机控制系统的梯形图及功能精解

自动售货机控制系统的具体流程如下：

（1）检测和计算硬币总值。1 元、5 元、10 元的硬币都有各自的入口，每一个投入口处都装有一个检测传感器。投入 1 元硬币时，则 PLC 自动在表示 1 元的通道上加 1；投入 5 元的硬币时，则 PLC 自动在表示 5 元的通道上加 5；投入 10 元硬币时，则 PLC 自动在表示 10 元的通道上加 10。所有值都被放到 D15 中，这样，通过检测，就可得到硬币的总值（D15）。投入一次硬币，只能加一次值，因此，只要用一个微分指令就可以实现这一功能。

（2）比较硬币的总值。当硬币总值（D15）超过 12 元时，汽水指示灯亮；当硬币总值（D15）超过 15 元时，汽水指示灯、咖啡指示灯都亮。因此，必须用两个比较指令分别与数字 12、15 相比较。与数字 12 比较的结果是大于或等于时，则汽水指示灯亮；与数字 15 比较的结果是大于或等于时，则汽水、咖啡指示灯都亮。

（3）选择汽水。当汽水指示灯亮时，如果选择汽水，应按下【汽水】按钮，则汽水出口动作 7 s。同时，汽水指示灯闪烁。指示灯闪烁可有特殊辅助继电器 M8013 来控制。它的周期为 1 s，7 s 的时间段控制可采用 T0。

（4）选择咖啡。当汽水、咖啡指示灯都亮时，如果选择咖啡，应按下【咖啡】按钮，则咖啡出口动作 7 s。同时，咖啡指示灯闪烁。指示灯闪烁也由特殊辅助继电器 M8013 来控制。

（5）找剩余的钱。当投入硬币的总值超过所需的钱数时，必须找回零钱。这里可以采用一个减法，将 D15 与 K12 或 K15 相减，结果存入 D16。

（6）复位或清零。当执行完以上步骤后，要自动将 D15、D16 清零，以便进入下一轮循环。

按照图 2-10-22 所示的流程图编写的程序如图 2-10-23 所示。

4. 系统调试

（1）在断电状态下，连接好 PC/PPI 电缆。

（2）将 PLC 运行模式选择开关拨到"STOP"位置，此时 PLC 处于停止状态，可以进行程序编写。

（3）在作为编程器的计算机上，运行 GX Developer 编程软件。

（4）将图 2-10-23 所示的梯形图程序输入到计算机中。

（5）将程序文件下载到 PLC 中。

（6）将 PLC 运行模式的选择开关拨到"RUN"位置，使 PLC 进入运行方式。

（7）在教师的现场监护下进行通电调试，验证系统功能是否符合控制要求。

（8）如果出现故障，应分别检查硬件接线和梯形图程序是否有误，修改完成后应重新调试，直至系统能够正常工作。

（9）记录程序调试的结果。

五、拓展训练

1. 某自动售货机模拟实验控制装置介绍

【M1】、【M2】、【M3】三个复位按钮表示投入自动售货机的人民币面值，Y0 为货币指示（例如：按下 M1 则 Y0 显示 1），自动售货机里有汽水（3 元/瓶）和咖啡（5 元/瓶）两种饮料，当 Y0 所显示的值大于或等于这两种饮料的价格时，C 或 D 发光二极管也会点亮，表明可以购买饮料；按下【汽水】按钮或【咖啡】按钮表明购买饮料，此时 A 或 B 发光二极管也会点亮，E 或 F 发光二极管也会点亮，表明饮料已从售货机取出；按下【ZL】按钮表示找零，此时 Y0 清零，延时 0.6 s 找零出口的 G 发光二极管点亮。

2. 自动售货机控制要求分析

总体控制要求：如面板图 2-10-24 所示，按【M1】、【M2】、【M3】按钮，模拟投入货币，Y0 显示投入的货币的数量，按动【QS】和【CF】按钮分别代表购买"汽水"和"咖啡"。出口处的"E"和"F"表示"汽水"和"咖啡"已经取出。购买后 Y0 显示剩余的货币，按下【ZL】找零按键。

按下【M1】、【M2】、【M3】三个开关，模拟投入 1 元、2 元、3 元的货币，投入的货币可以累加起来，通过 Y0 的数码管显示出当前投入的货币总数。

售货机内的两种饮料有相对应价格，当投入的货币大于等于其售价时，对应的汽水指示灯 C、咖啡指示灯 D 点亮，表示可以购买。

当可以购买时，按下相应的【汽水】按钮或【咖啡】按钮，同时与之对应的"汽水"指示灯 C 或"咖啡"指示灯 B 点亮。表示已经购买了汽水或咖啡。

在购买了汽水或咖啡后，Y0 显示当前的余额，按下【ZL】按钮后，Y0 显示 00，表示已经清零。

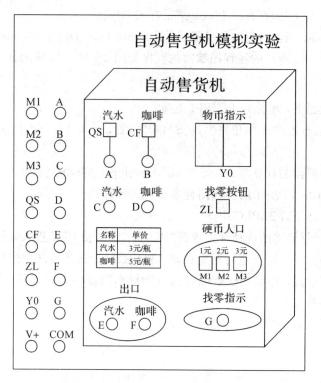

图 2-10-24 自动售货机面板图

六、巩固与提高

(1) 设计一个 25X/200+7 的计算程序,式中"X"表示输入端口 K2X000 送入的二进制数,运算结果通过输出口 K2Y000 输出。

(2) 设计一个程序,将 K55 传送到 D0,K45 传送到 D10 中,并完成以下操作:

① 求 D0 和 D10 的和,结果存在 D20 中。

② 求 D0 和 D10 的差,结果存在 D30 中。

③ 求 D0 和 D10 的积,结果存在 D40、D41 中。

④ 求 D0 和 D10 的商和余数,结果存在 D50、D51 中。

(3) 梯形图如图 2-10-25 所示,请将梯形图转换成指令表,并测试;改变 K 的数值,重新测试结果。

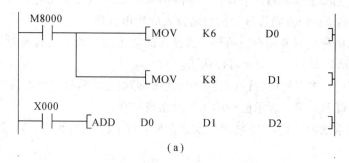

(a)

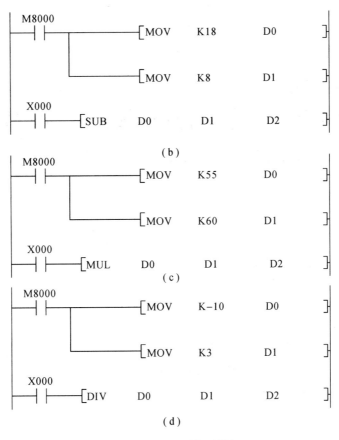

图 2-10-25　题 3 用图

（4）使图 2-10-26 所示数码管依次显示数字 0、1、2、3、4、5、6、7、8、9 并循环。要求两数之间的时间间隔为 1 s。合上启动开关开始，关闭启动开关立即全灭。试用功能指令编写梯形图程序。

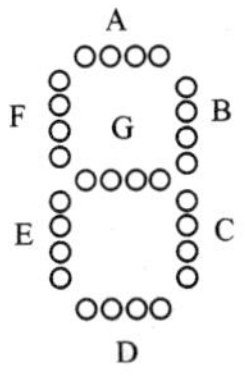

图 2-10-26　题 4 用图

项目十一 装配流水线的 PLC 控制

一、学习目标

★知识目标

(1) 熟悉各类功能指令的应用。

(2) 能运用功能指令编写相应的程序。

★能力目标

(1) 学会 I/O 口分配表的设置方法。

(2) 掌握绘制 PLC 硬件接线图的方法并正确接线。

(3) 学会分析控制对象,确定 PLC 外围设备。

(4) 能用 PLC 完成工程实际问题的控制,并且掌握分析问题和解决问题的方法。

二、项目介绍

★项目描述

装配流水线,广泛适用于肉类加工业、冷冻食品业、水产加工业、饮料及乳品加工业、制药、包装、电子、电器、汽配制造业等多种行业,如图 2-11-1 所示。装配线是人和机器的有效组合,最能充分体现设备的灵活性,它将输送系统、随行夹具和在线专机、检测设备有机地组合,以满足多品种产品的装配要求。

图 2-11-1 装配流水线示意图

★控制要求

如图 2-11-2 面板图所示,系统中的操作工位 A、B、C,运料工位 D、E、F、G 及仓库操作工位 H 能对工件进行循环处理。

(1) 闭合"启动"开关,工件经过传送工位 D 送至操作工位 A,在此工位完成加工后再由传送工位 E 送至操作工位 B……，依次传送及加工，直至工件被送至仓库操作工位 H，由该工位完成对工件的入库操作，循环处理。

（2）断开"启动"开关，系统加工完最后一个工件入库后，自动停止工作。

（3）按"复位"键，无论此时工件位于任何工位，系统均能复位至起始状态，即工件又重新开始从传送工位 D 处开始运送并加工。

（4）按"移位"键，无论此时工件位于任何工位，系统均能进入单步移位状态，即每按一次"移位"键，工件前进一个工位。

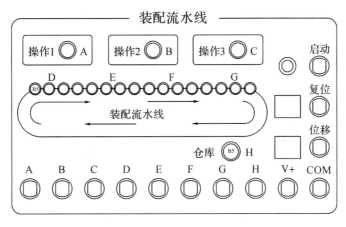

图 2 - 11 - 2　实训面板图

三、相关知识

1. 数据传送指令

1）传送指令（MOV FNC12）

传送指令在项目九中已作介绍，此处略。

2）块传送指令（BMOV FNC15）

BMOV 指令用于将从源操作数指定的元件开始的 n 个数据组成的数据块传送到指定的目标。如果元件号超出允许元件号的范围，数据仅送到允许范围内。

如果源元件与目标元件的类型相同，传送顺序如图 2 - 11 - 3 所示（既可从高元件号开始，也可从低元件号开始）。传送顺序是自动决定的，以防止源数据被这条指令传送的其他数据冲掉。如果用到需要制定位数的位元件，则源和目标的指定位数必须相同。

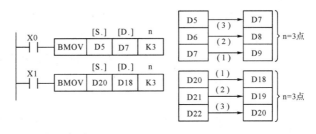

图 2 - 11 - 3　块传送指令 BMOV 的使用

当 M8024 为"ON"时，数据传送方向反转，如图 2-11-4 所示。

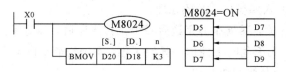

图 2-11-4　数据反向传送

3）多点传送指令（FMOV FNC16）

FMOV 指令是将源操作数指定的软元件的内容向以目标操作数指定的软元件开头的 n 点软件传送。n 点软元件的内容都一样，如图 2-11-5 所示，K0 传送到 D0～D9。

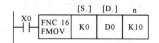

图 2-11-5　多点传送指令 FMOV 的使用

如果元件号超出允许的元件号范围，数据仅传送到允许的范围内。

4）BCD（FNC18）转换指令、二进制转换指令 BIN（FNC19）

BCD（FNC18）转换指令、二进制转换指令 BIN（FNC19）功能表如表 2-11-1 所示。

表 2-11-1　BCD（FNC18）转换指令、二进制转换指令 BIN（FNC19）

功能编号	助记符	功能	操作软元件	
			S.	D.
18	BCD	将源操作软元件的二进制数据转换成 BCD 码，并传送到指定的目标操作元件中	KnX、KnY、KnM、KnS、T、C、D、V、Z	KnY、KnM、KnS、T、C、D、V、Z
19	BIN	将源操作元件的 BCD 码转换成二进制数据，并传送到指定的目标操作元件中	KnX、KnY、KnM、KnS、T、C、D、V、Z	KnY、KnM、KnS、T、C、D、V、Z

二进制数到 BCD 码转换指令使用如图 2-11-6 所示。

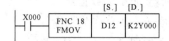

源（BIN）→目标（BCD）的转换传送指令。

图 2-11-6　BCD 码转换指令的使用

BCD 转换指令使用说明：

① 使用 BCD、BCD（P）指令时，如 BCD 转换结果超出 0～9999 范围会出错。

② 当使用（D）BCD、（D）BCDP 指令时，如 BCD 转换结果超出 0～99999999 范围会出错。

③ 将可编程控制器内的二进制数据变为七段显示器的 BCD 码并向外部输出时使用该指令。

BIN 码到二进制数转换指令使用如图 2-11-7 所示。

数值范围：0~9,999或0~99,999,999有效。
源（BCD）→目标（BIN）的转换传送指令

图 2-11-7　BIN 转换指令的使用

BIN 转换指令使用说明：

① 可编程控制器获取 BCD 数字开关的设定值时使用。

② 源数据不是 BCD 码时，会发生 M8067(运算错误)，M8068(运算错误锁存)将不工作。

③ 因为常数 K 自动地转换成二进制数，所以不成为这个指令适用软元件。

四则运算(＋、－、×、÷)与增量指令、减量指令等编程控制器内的运算都用 BIN 码进行。因此可编程控制器获取 BCD 的数字开关信息时，要使用 FNC19（ BCD → BIN ）转换传送指令。另外向 BCD 的七段显示器输出时请使用 FNC18（ BIN→ BCD ）转换传送指令。但是一些特殊指令能自动地进行 BCD / BIN 转换。

5）数据交换指令(XCH FNC17)

数据交换指令是将数据在指定的目标元件之间交换。如图 2 - 11 - 8 所示，当 X0 为"ON"时，将 D1 和 D19 中的数据相互交换。

使用数据交换指令应该注意：

（1）操作数的元件可取 KnY、KnM、KnS、T、C、D、V 和 Z。

（2）交换指令一般采用脉冲执行方式，否则在每一次扫描周期都要交换一次。

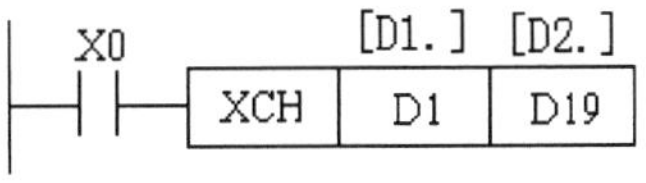

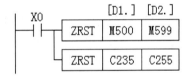

图 2 - 11 - 8　数据交换指令的使用

2. 数据处理指令(FNC40～FNC49)

1）区间复位指令(ZRST(P) FNC40)

它是将指定范围内的同类元件成批复位。如图 2 - 11 - 9 所示，当 X0 由"OFF"→"ON"时，位元件 M500～M599 成批复位，字元件 C225～C255 也成批复位。

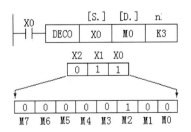

图 2 - 11 - 9　区间复位指令的使用

使用区间复位指令时应注意：

（1）[D1.]和[D2.]可取 Y、M、S、T、C、D，且应为同类元件，同时[D1]的元件号应小于[D2]指定的元件号，若[D1]的元件号大于[D2]元件号，则只有[D1]指定元件被复位。

（2）ZRST 指令只有 16 位处理，占 5 个程序步，但[D1.]、[D2.]也可以指定 32 位计数器。

2）译码指令(DECO FNC41)

译码指令相当于数字电路中译码电路的功能。如图 2 - 11 - 10 所示，n＝3 则表示[S.]源操作数为 3 位，即为 X0、X1、X2。其状态为二进制数，当值为 011 时相当于十进制 3，则由目标操作数 M7～M0 组成的 8 位二进制数的第四位 M3 被置 1，其余各位为 0。如果为 000 则 M0 被置 1。用译码指令可通过[D.]中的数值来控制元件的 ON/OFF。

使用译码指令时应注意：

（1）位源操作数可取 X、T、M 和 S，位目标操

图 2 - 11 - 10　译码指令的使用

作数可取 Y、M 和 S,字源操作数可取 K、H、T、C、D、V 和 Z,字目标操作数可取 T、C 和 D。

(2) 若[D.]指定的目标元件是字元件 T、C、D,则 n≤4;若是位元件 Y、M、S,则 n= 1~8。译码指令为 16 位指令,占 7 个程序步。

3)编码指令(ENCO FNC42)

编码指令相当于数字电路中编码电路的功能。如图 2-11-11 所示,当 X1 有效时执行编码指令,将[S.]中最高位的 1(M2)所在位数(3)放入目标元件 D10 中,即把 011 放入 D10 的低 2 位。

使用编码指令时应注意:

(1) 源操作数是字元件时,可以是 T、C、D、V 和 Z;源操作数是位元件,可以是 X、Y、M 和 S。目标元件可取 T、C、D、V 和 Z。编码指令为 16 位指令,占 7 个程序步。

(2) 操作数为字元件时应使用 n≤4;为位元件时则 n=1~8,n=0 时不作处理。

(3) 若指定源操作数中有多个 1,则只有最高位的 1 有效。

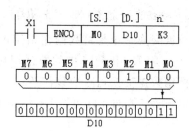

图 2-11-11 编码指令的使用

4) ON 总数指令(SUM FNC43)

ON 总数指令用于求和。SUM 指令执行时,将[S.]中 1 的位数总和存入[D.]中,无 1 时,零标志位 M8020 置"1"。当使用 32 位指令时,将[S.]开始的连续 32 位中 1 的位数总和存入[D.]开始的连续 32 位中。指令应用如图 2-11-12 所示。

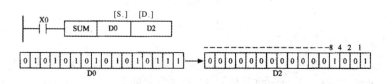

图 2-11-12 ON 总数指令的使用

5) ON 位判别指令(BON FNC44)

ON 位判别指令应用如图 2-11-13 所示。若 D10 中的第 15 位为"ON",则 M0 变为 "ON"。即使 X0 变为"OFF",M0 也保持不变。

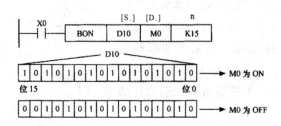

图 2-11-13 ON 位判别指令的使用

6）求平均值指令（MEAN FNC45）

求平均值指令 MEAN 用于求平均值，应用如图 2-11-14 所示。

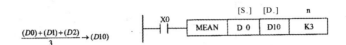

$$\frac{(D0)+(D1)+(D2)}{3} \rightarrow (D10)$$

图 2-11-14　求平均值指令 MEAN 的使用

MEAN 指令执行时，将[D0.]开始的连续 3 个元件中的数据求平均值，结果存放到[D10]中。

四、任务实施

1. 输入/输出分配表

装配流水线的 PLC 控制系统输入/输出分配见表 2-11-2。

表 2-11-2　装配流水线的 PLC 控制系统输入/输出分配表

序号	PLC 地址（PLC 端子）	电气符号（面板端子）	功能说明
1	X0	SD	启动（SD）
2	X1	RS	复位（RS）
3	X2	ME	移位（ME）
4	Y0	A	工位 A 动作
5	Y1	B	工位 B 动作
6	Y2	C	工位 C 动作
7	Y3	D	运料工位 D 动作
8	Y4	E	运料工位 E 动作
9	Y5	F	运料工位 F 动作
10	Y6	G	运料工位 G 动作
11	Y7	H	仓库操作工位 H 动作

2. 输入/输出接线图

用三菱 FX_{3U} 型可编程控制器实现装配流水线的 PLC 控制系统输入/输出接线，如图 2-11-15 所示。

3. 编写梯形图程序

（1）根据控制要求，可画出装配流水线的 PLC 控制系统的程序流程图，如图 2-11-16 所示。

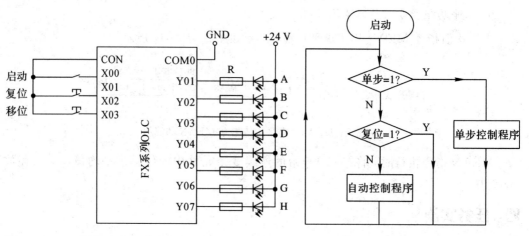

图 2-11-15　装配流水线的 PLC 控制输入/输出接线图　　　图 2-11-16　程序流程图

（2）根据程序流程图，编写的梯形图参考程序如图 2-11-17 所示。

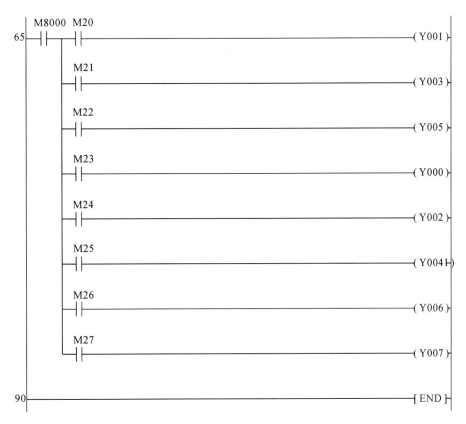

图 2-11-17 装配流水线的 PLC 控制参考梯形图程序

4. 系统调试

（1）在断电状态下，连接好 PC/PPI 电缆。

（2）将 PLC 运行模式选择开关拨到"STOP"位置，此时 PLC 处于停止状态，可以进行程序编写。

（3）在作为编程器的计算机上，运行 GX Developer 编程软件。

（4）将图 2-11-17 所示的梯形图程序输入到计算机中。

（5）将程序文件下载到 PLC 中。

（6）将 PLC 运行模式的选择开关拨到"RUN"位置，使 PLC 进入运行方式。

（7）在教师的现场监护下进行通电调试，验证系统功能是否符合控制要求。

（8）打开【启动】按钮后，系统进入自动运行状态，调试装配流水线控制程序并观察自动运行模式下的工作状态。

（9）按【复位】键，观察系统响应情况。

（10）按【移位】键，系统进入单步运行状态，连续按"移位"键，调试装配流水线控制程序并观察单步移位模式下的工作状态。

（11）如果出现故障，应分别检查硬件接线和梯形图程序是否有误，修改完成后应重新调试，直至系统能够正常工作。

（12）记录程序调试的结果。

五、拓展训练

试用功能指令构成移位寄存器，实现广告牌的闪耀控制。用 HL1～HL4 四只灯分别照亮"欢迎光临"四个字。其控制流程要求如下表 2-11-3 所示，要求每步隔 1 s，不断循环。

表 2-11-3　广告牌控制流程

步序	1	2	3	4	5	6	7	8
HL1	×				×		×	
HL2		×			×		×	
HL3			×		×		×	
HL4				×	×		×	

注：表中，"×"表示点亮。

六、巩固与提高

(1) 梯形图如图 2-11-18 所示，请分析程序功能；若变更常数，分析结果如何变化。

(2) 梯形图如图 2-11-19 所示，请分析程序功能；若将指令 SFTRP 指令改为 SFTLP，分析结果如何变化。

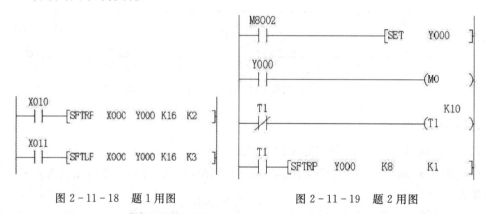

图 2-11-18　题 1 用图　　　　　图 2-11-19　题 2 用图

(3) 梯形图如图 2-11-20 所示，请分析程序功能。

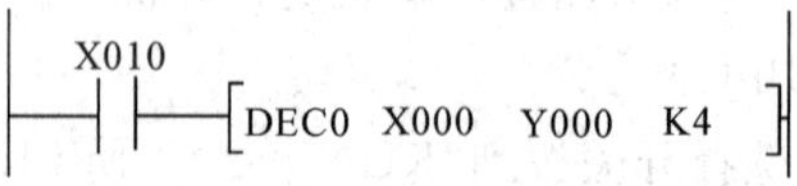

图 2-11-20　题 3 用图

(4) 梯形图如图 2-11-21 所示，请分析程序功能；若将 K4 改成 K3，再分析程序。

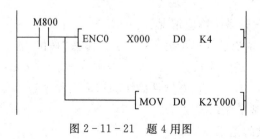

图 2-11-21　题 4 用图

项目十二　C6140 普通车床的 PLC 改造

一、学习目标

★知识目标

（1）了解 PLC 控制系统设计的基本内容和一般步骤。

（2）了解 PLC 控制系统设计中提高系统可靠性经常采用的措施。

（3）掌握将继电器-接触器控制系统改造为 PLC 控制系统的方法。

★能力目标

（1）能够根据控制系统要求分析 PLC 控制系统，正确选择 PLC 的型号。

（2）能够设计一般的 PLC 控制系统。

（3）了解传统的电气控制与 PLC 控制的相同点与不同点。

（4）学会综合运用 PLC 指令解决工程实际问题的方法。掌握用 PLC 改造较复杂的继电接触式控制电路的方法，并进行设计、安装与调试。

二、项目介绍

★项目描述

CA6140 型车床是一种应用广泛的金属切削机床，能够车削外圆、内圆、螺纹、螺杆、端面以及定型表面等，其原控制电路为继电器-接触器控制系统，接触触点多、故障多、操作人员维修任务重。而 PLC 是专为工业环境下应用而设计的控制装置，其显著的特点之一就是可靠性高，抗干扰能力强。针对这种情况，用 PLC 控制改造其继电器-接触器控制电路，能克服以上缺点，降低设备的故障率，提高设备使用效率，运行效果良好。图 2-12-1 是普通 C6140 型车床示意图。

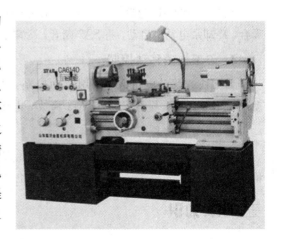

图 2-12-1　CA6140 普通车床

★控制要求

在仔细阅读与分析 C6140 型普通车床电气原理图的基础上，可以确定各电机及指示灯的控制要求如下（电气原理图如图 2-12-2 所示）：

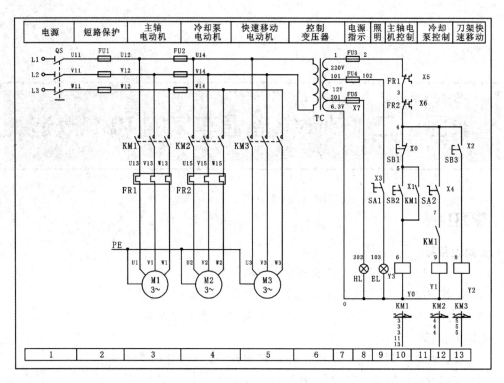

图 2-12-2 C6140 型普通车床电气原理图

1. 主轴电动机控制

主电路中的 M1 为主轴电动机，按下启动按钮 SB2、KM1 得电吸合，辅助触点 KM1 闭合自锁，KM1 主触头闭合，主轴电机 M1 启动，同时辅助触点 KM1 闭合，为冷却泵启动做好准备。

2. 冷却泵电动机控制

主电路中的 M2 为冷却泵电动机。在主轴电机启动后，KM1 闭合，将开关 SA2 闭合，KM2 吸合，冷却泵电动机启动，将 SA2 断开，冷却泵停止，将主轴电机停止，冷却泵也自动停止。

3. 刀架快速移动控制

刀架快速移动电机 M3 采用点动控制，按下 SB3，KM3 吸合，其主触头闭合，快速移动电机 M3 启动，松开 SB3，KM3 释放，电动机 M3 停止。

4. 照明和信号灯电路

接通电源，控制变压器输出电压，HL 直接得电发光，作为电源信号灯。EL 为照明灯，将开关 SA1 闭合 EL 亮，将 SA1 断开，EL 熄灭。

三、相关知识

（一）PLC 控制系统的设计

可编程控制器技术是一种工程实际应用技术，虽然 PLC 具有很高的可靠性，但如果使用不当，系统设计不合理，将直接影响到控制系统运行的安全和可靠性。因此，如何按控制要求设计出安全可靠、运行稳定、操作简便、维护容易、性价比高的控制系统,是学习 PLC 的技术人员的一个重要目的。

1. PLC 控制系统设计的基本原则

任何一种控制系统都是为了实现被控对象的工艺要求,以提高生产效率和产品质量。因此,在设计 PLC 控制系统时,应遵循以下基本原则:

(1)最大限度地满足被控对象的控制要求。

(2)保证控制系统的高可靠、安全。

(3)满足上面条件的前提下,力求使控制系统简单、经济、实用和维修方便。

(4)选择 PLC 时,要考虑生产和工艺改进所需的余量。

2. PLC 控制系统设计的一般步骤

PLC 控制系统设计的一般步骤如图 2-12-3 所示。

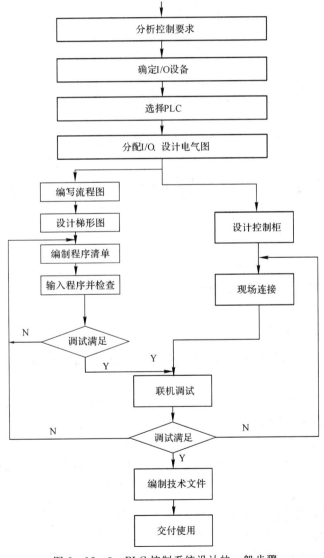

图 2-12-3 PLC 控制系统设计的一般步骤

1）分析被控对象并提出控制要求

详细分析被控对象的工艺过程及工作特点，了解被控对象机电液之间的配合，提出被控对象对 PLC 控制系统的控制动作和要求，确定控制方案，拟定设计任务书。

2）确定输入/输出设备

根据系统的控制要求，确定所需的输入设备和输出设备，从而确定 PLC 的 I/O 点数。

3）选择 PLC

PLC 的选择包括对 PLC 的机型、容量、I/O 模块及电源等的选择。

4）分配 I/O 点并设计 PLC 外围硬件电路

画出 PLC 的 I/O 点与输入/输出设备的连接图或对应关系表；画出系统其他部分的电气电路图，包括主电路和未进入 PLC 的控制电路等。到此为止系统的硬件电气电路已经确定。

5）程序设计

根据系统的控制要求，采用合适的设计方法来设计 PLC 程序。对于复杂的控制系统，需绘制系统控制流程图，用以清楚地表明动作的顺序和条件。对于简单的控制系统，也可省去这一步。

程序要以满足系统控制要求为主线，逐一编写实现各控制功能或各子任务的程序，逐步完善系统指定的功能。除此之外，程序通常还应包括以下内容：

（1）初始化程序。在 PLC 上电后，一般都要做一些初始化的操作，为启动做必要的准备，避免系统发生误动作。初始化程序的主要内容有：对某些数据区、计数器等进行清零，对某些数据区所需数据进行恢复，对某些继电器进行置位或复位，对某些初始状态进行显示等。

（2）检测、故障诊断和显示等程序。这些程序相对独立，一般在程序设计基本完成时再添加。

（3）保护和连锁程序。保护和连锁是程序中不可缺少的部分，必须认真加以考虑。它可以避免由于非法操作而引起的控制逻辑混乱。

6）程序模拟调试

程序模拟调试的基本思想是：以方便的形式模拟产生现场实际状态，为程序的运行创造必要的环境条件。根据产生现场信号方式的不同，模拟调试有硬件模拟法和软件模拟法两种形式。

（1）硬件模拟法是使用一些硬件设备（如用另一台 PLC 或一些输入器件等）模拟产生现场的信号，并将这些信号以硬接线的方式连到 PLC 系统的输入端，其时效性较强。

（2）软件模拟法是在 PLC 中另外编写一套模拟程序，模拟提供现场信号，其简单易行，但时效性不易保证。模拟调试过程中，可采用分段调试的方法，并利用编程器的监控功能。

7）硬件实施

硬件实施方面主要是进行控制柜（台）等硬件的设计及现场施工，其主要内容有：

（1）设计控制柜和操作台等部分的电气布置图及安装接线图。

（2）设计系统各部分之间的电气互连图。

（3）根据施工图纸进行现场接线，并进行详细检查。

由于程序设计与硬件实施可同时进行，因此 PLC 控制系统的设计周期可大大缩短。

8）联机调试

联机调试是将通过模拟调试的程序进一步进行在线统调。联机调试过程应循序渐进，从 PLC 只连接输入设备、再连接输出设备、再接上实际负载等步骤逐步进行调试。如不符合要求，则对硬件和程序作调整，通常只需修改部分程序即可。

全部调试完毕后，交付试运行。经过一段时间运行，如果设备工作正常、程序不需要修改，应将程序固化到 EPROM 中，以防程序丢失。

9）整理和编写技术文件

技术文件包括设计说明书、硬件原理图、安装接线图、电气元件明细表、PLC 程序以及使用说明书等。

（二）PLC 的选型

PLC 的选择主要应从 PLC 的机型、容量、I/O 模块、电源模块、特殊功能模块、通信联网能力等方面加以综合考虑。

1. PLC 机型的选择

PLC 机型选择的基本原则是在满足功能要求及保证可靠、维护方便的前提下，力争最佳的性能价格比。选择时主要考虑以下几点：

1）结构合理

PLC 主要有整体式和模块式两种。整体式 PLC 的每一个 I/O 点的平均价格比模块式便宜，且体积相对较小，一般用于系统工艺过程较为固定的小型控制系统中；而模块式 PLC 的功能扩展灵活方便，在 I/O 点数、输入点数与输出点数的比例、I/O 模块的种类等方面选择余地大，且维修方便，一般于较复杂的控制系统。

2）功能合理

一般小型（低档）PLC 具有逻辑运算、定时、计数等功能，对于只需要开关量控制的设备都可满足。

对于以开关量控制为主，带少量模拟量控制的系统，可选用能带 A/D 和 D/A 转换单元、具有加减算术运算、数据传送功能的增强型低档 PLC。

对于控制较复杂，要求实现 PID 运算、闭环控制、通信联网等功能，可视控制规模大小及复杂程度，选用中档或高档 PLC。但是中、高档 PLC 价格较贵，一般用于大规模过程控制和集散控制系统等场合。

3）机型尽量统一

一个企业，应尽量做到 PLC 的机型统一。其原因主要是考虑到以下三方面问题：

（1）机型统一，其模块可互为备用，便于备品备件的采购和管理。

（2）机型统一，其功能和使用方法类似，有利于技术力量的培训和技术水平的提高。

（3）机型统一，其外部设备通用，资源可共享，易于联网通信，配上位计算机后易于形成一个多级分布式控制系统。

2. PLC 容量的选择

PLC 的容量包括 I/O 点数和用户存储容量两个方面。

1）I/O 点数的选择

PLC 平均的 I/O 点的价格还比较高，因此应该合理选用 PLC 的 I/O 点的数量，在满足控制要求的前提下力争使用的 I/O 点最少，但必须留有一定的余量。

通常 I/O 点数是根据被控对象的输入、输出信号的实际需要，再加上 10％的余量来确定。

2）存储容量的选择

用户程序所需的存储容量大小不仅与 PLC 系统的功能有关，而且还与功能实现的方法、程序编写水平有关。

PLC 的 I/O 点数的多少，在很大程度上反映了 PLC 系统的功能要求，因此可在 I/O 点数确定的基础上，按下式估算存储容量后，再加上 20％～30％的余量。

$$存储容量（字节）＝开关量 I/O 点数×10＋模拟量 I/O 通道数×100$$

另外，在存储容量选择的同时，注意对存储器类型的选择。

（三）PLC 应用系统的可靠性保障措施

1. 工作环境与安装

（1）PLC 控制系统安置的周围不能存在可燃性、爆炸性的物品，空气中也不能混杂有灰尘、导电性粉尘、腐蚀性气体、可燃性气体、水分、油雾及有机溶剂等，否则会引起电器元件接触不良、误动作、绝缘性能变差和短路、印刷电路或引线被腐蚀损坏等现象。

（2）PLC 的工作温度一般为 0～55 ℃，安装于控制柜内的 PLC 主机及配置模块上下、左右、前后都要留有约 100 mm 的空间距离，尽量远离发热器件，I/O 模块配线时要使用导线槽，以免妨碍通风。控制柜内必须设置风扇或冷风机，通过滤网把自然风引入盘柜内，以便降温。半导体器件在高温环境下容易损坏，超低温也能使器件工作不正常，因此在较寒冷的地区，还需要考虑恒温控制。

（3）PLC 可在相对湿度为 5％～95％（无凝结霜）条件下工作，在湿度较大的环境，要考虑把 PLC 主机及配置安装于封闭型的控制箱内，箱内放置吸湿剂或安置抽湿机。

（4）PLC 受振动和冲击的性能指标虽然符合国际电工委员会标准（承受振动和冲击频率为 10～50 Hz，振幅为 0.5 mm，振动加速度为 2 g，冲击加速度为 10 g。这里的 g 表示重力加速度），但超过极限时，可能会导致机械结构松动、接线端子接触不良、电气部件误动作或疲劳损坏等后果。因此，PLC 系统控制柜应尽量远离振动源，采用防振橡胶封垫；强固控制器或 I/O 模块印刷板、连接器等可能产生松动的部件或器件，其连接线也要固定紧。

（5）PLC 系统控制柜应远离强干扰源，如高压电源线、大功率晶闸管装置、变频器、高频高压设备和大型动力设备等。PLC 不能与高压电器安装在同一个开关柜内，在柜内 PLC 应远离动力线（两者之间的距离应大于 200 mm），以避免电磁耦合干扰和高频辐射干扰。与 PLC 装在同一个开关柜内的电感性元件，如继电器、接触器的线圈等，应并联 RC 消弧电路。

（6）PLC 的基本单元和扩展单元之间要留 30 mm 以上的空间，与其他电器之间要留

200 mm 左右的间隙,远离有可能产生电弧的开关或设备。

(7) PLC 主机及配置模块的安装,必须严格按照有关的使用说明书来进行,尽量做到安全、合理、正确、标准、规范、美观和实用。各项安装参数既要达到 PLC 的性能指标,也要符合国家电气安装技术标准。

2. 合理配线

(1) PLC 系统控制柜与现场设备之间的配线(电源线、动力线,直流信号输入/输出线,交流信号输入/输出线,模拟量信号输入/输出线)都应各自分开走线,分别用电缆敷设,而且电缆的屏蔽要良好。输入、输出线的接线长度虽允许为 50~100 m,但为了可靠起见,一般控制在 20 m 以内。长距离配线,建议用中间继电器转换信号。传送模拟信号最好采用屏蔽线,且屏蔽线的屏蔽层应一端接地。如果模拟量输入/输出信号距离 PLC 较远,应采用 4~20 mA 或 0~10 mA 的电流传输方式,而不是易受干扰的电压传输方式。

(2) PLC 系统控制柜内的配线(各类型的电源线、控制线、信号线、输入线、输出线等)要各自分开,特别不允许信号线、输入线、输出线与其他动力线在同一导管内通过或捆扎在一起。并保持一定距离,如不得已要在同一线槽中布线,应使用屏蔽电缆。

(3) 当系统中配置有扩展模块或单元时,由于 PLC 的基本单元与扩展单元之间电缆传送的信号电压低、频率高,很容易受干扰,因此不能与其他线敷设在同一线槽内。扩展电缆要远离 PLC 主机的输出线或其他动力线 30~50 mm 以上。

(4) PLC 的接地线与电源线或动力线、零线应分开。

(5) 不同的信号线最好不用同一个插接件转接,如必须用同一个插接件,要用备用端子或地线端子将它们分隔开,以减少相互干扰。

3. PLC 的接地

良好的接地是 PLC 安全可靠运行的重要条件。为了抑制干扰,PLC 最好单独接地,如图 2-12-4(a)所示;也可以采用公共接地,如图 2-12-4(b)所示;但禁止使用如图 2-12-4(c)所示的串联接地方式,因为这种接地方式会产生 PLC 与设备之间的电位差。

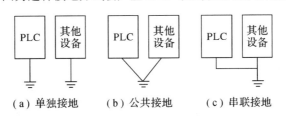

(a) 单独接地   (b) 公共接地   (c) 串联接地

图 2-12-4 PLC 的接地

(1) 接地线应尽量粗,一般接地线截面应大于 2 mm²。PLC 接地系统的接地电阻一般应小于 4 Ω。

(2) 接地点应离 PLC 越近越好,即接地线越短越好,接地点与 PLC 间的距离应不大于 50 m。PLC 如由多单元组成,各单元之间应采用同一点接地,以保证各单元间等电位。当然,一台 PLC 的 I/O 单元如果有的分散在较远的现场(超过 100 m),是可以分开接地的。

(3) 接地线应尽量避开强电回路和主回路的电线,无法能避开时,应垂直相交,尽量缩短平行走线长度。

（4）PLC的输入输出信号线采用屏蔽电缆时，其屏蔽层应用一点接地，并用靠近 PLC 这一端的电缆接地，电缆的另一端不接地。如果信号随噪声波动，可以连接一个 $0.1\sim0.47~\mu F/25~V$ 的电容器到接地端。

4．PLC 的日常维护

（1）建立系统的设备档案。包括设备一览表、程序清单和有关说明、设计图纸、运行记录及维修记录等。

（2）采用标准的记录格式对系统运行情况和设备状况进行记录，对故障现象和维修情况进行记录，这些记录应便于归档。运行记录的内容包括：日期，故障现象和当时的环境状态，故障分析、处理方法和结果，故障发现人员和维修处理人员的签名等。

（3）系统的定期保养。根据定期保养一览表，对需要保养的设备和线路进行检查和保养，并记录保养的内容。

（4）检查 PLC 的项目包括各模件的运行状态、锂电池或电容的使用时间等内容。

（5）清洁卫生工作。

四、任务实施

1．输入/输出分配表

根据控制要求及分析 C6140 型普通车床电气原理图，可以确定本控制系统有 6 个输入信号，即：主电动机启动按钮 SB2、停止按钮 SB1、冷却泵电动机启动停止开关 SA2、刀架快速移动电机点动按钮 SB3、主电动机和冷却泵电动机过载保护热继电器 FR1、FR2；输出信号有 5 个，即控制主电动机、冷却泵电动机、刀架快速移动电机的接触器 KM1、KM2、KM3，电源信号灯 HL，照明灯 EL。其控制电路的输入/输出分配见表 2-12-1 所示。

表 2-12-1　C6140 普通车床 PLC 改造输入/输出分配表

序号	PLC 地址（PLC 端子）	电气符号	功能说明
1	X0	SB1	电动机 M1 停止按钮
2	X1	SB2	电动机 M1 启动按钮
3	X2	SB3	电动机 M3 点动
4	X3	SA1	照明开关
5	X4	SA2	电动机 M2 开关
6	X5	FR1	电动机 M1 过热保护
7	X6	FR2	电动机 M2 过热保护
8	Y0	KM1	接触器 KM1
9	Y1	KM2	接触器 KM2
10	Y2	KM3	接触器 KM3
11	Y4	EL	照明指示灯 EL
12	Y5	HL	电源指示灯 HL

2. 输入/输出接线图

用三菱 FX$_{3U}$ 型 PLC 实现的 C6140 普通车床 PLC 改造输入/输出接线，如图 2-12-5 所示。

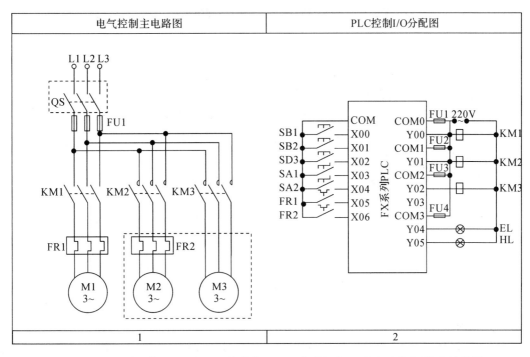

图 2-12-5　用三菱 FX$_{3U}$ 型 PLC 实现的 C6140 普通车床 PLC 改造输入/输出接线图

3. 编写梯形图程序

根据 C6140 普通车床电气控制要求，在原有继电器-接触器电路的基础上，通过相应的转换，编写的梯形图程序，如图 2-12-6 所示。

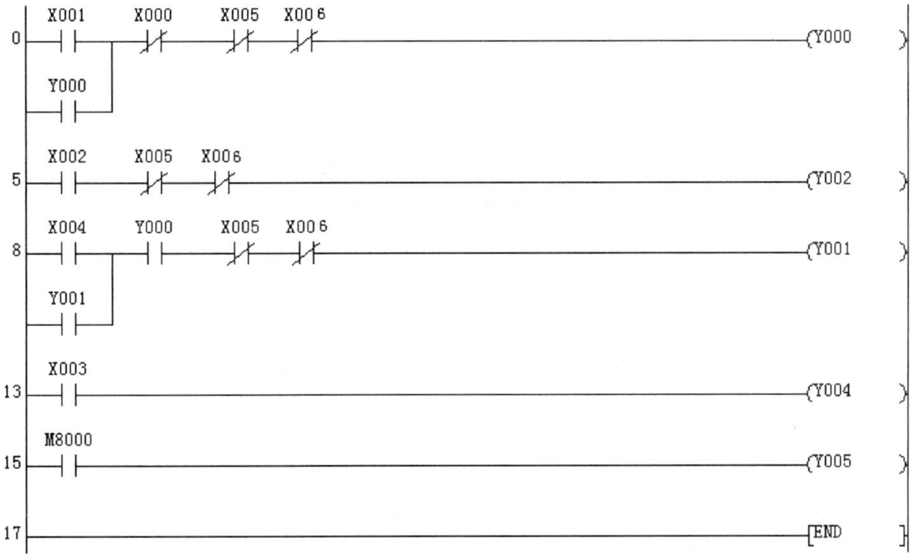

图 2-12-6　普通车床 PLC 改造梯形图程序

4. 系统调试

（1）在断电状态下，连接好 PC/PPI 电缆。

（2）将 PLC 运行模式选择开关拨到"STOP"位置，此时 PLC 处于停止状态，可以进行程序编写。

（3）在作为编程器的计算机上，运行 GX Developer 编程软件。

（4）将图 2-12-5 所示的梯形图程序输入到计算机中。

（5）将程序文件下载到 PLC 中。

（6）将 PLC 运行模式的选择开关拨到"RUN"位置，使 PLC 进入运行方式。

（7）在教师的现场监护下进行通电调试，验证系统功能是否符合控制要求，具体步骤如下：

① 启动总电源，电源指示灯 HL 亮。

② 将照明开关 SA1 旋到"开"的位置，"照明"指示灯 EL 亮，将 SA1 旋到"关"，照明指示灯 EL 灭。

③ 按下【主轴启动】按钮 SB2，KM1 吸合，主轴电机转，按下【主轴停止】按钮 SB1，KM1 释放，主轴电机停转。

④ 冷却泵控制：按下 SB2 将主轴启动；将冷却泵开关 SA2 旋到"开"位置，KM2 吸合冷却泵电机转动；将 SA2 旋到"关"，KM2 释放，冷却泵电机停转。

⑤ 快速移动电机控制：按下 SB3，KM3 吸合，快速移动电机转动；松开 SB3，KM3 释放，快速移动电机停止。

⑥ 调试过程中如果出现故障，应分别检查硬件接线和梯形图程序是否有误，修改完成后应重新调试，直至系统能够正常工作。

⑦ 记录程序调试的结果。

五、拓展训练

C650 卧式车床的结构形式如图 2-12-7 所示，现要对其进行改造，将原有的继电器控制系统改为 PLC 控制系统，具体控制要求如下：

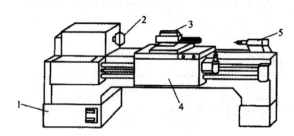

1—床身；2—主轴；3—刀架；4—溜板箱；5—尾架

图 2-12-7　C650 卧式车床结构简图

（1）主电动机 M1（功率为 30 kW）完成主轴主运动和刀具进给运动的驱动，电动机采用直接启动方式启动，可正反两个方向旋转。

（2）为了加工调整方便，系统要求具有点动功能。

（3）主电动机 M1 可进行正、反两个旋转方向的电气停车制动，停车制动采用反接制动。

（4）电动机 M2 拖动冷却泵，在加工时提供切削液，采用直接启动/停止方式，并且为连续工作状态。

（5）为减轻工人的劳动强度和节省辅助工作时间，要求快速移动电动机 M3 带动溜板箱能够快速移动。M3 可根据使用需要，随时手动控制启停。

六、巩固与提高

（1）设计程序，对 X0 输入的脉冲信号计数，当累计到 50 个脉冲时，使输出 Y0 接通，然后继续计数 50 次后，使输出 Y0 断开。

（2）小车的控制要求如下：

① 当小车所停位置 SQ 的编号大于呼叫的 SB 的编号时，小车往左运行至呼叫的 SB 位置后停下。

② 当小车所停位置 SQ 的编号小于呼叫的 SB 的编号时，小车往右运行至呼叫的 SB 位置后停下。

③ 当小车所停位置 SQ 的编号等于呼叫的 SB 编号时，小车不动。

小车运行的示意图如图 2-12-8 所示，请按设计要求，遵循设计步骤进行程序设计。

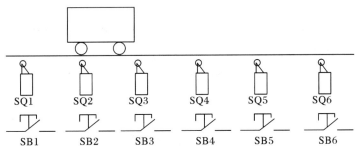

图 2-12-8　题 2 用图

项目十三　基于 PLC 的多段速控制

一、学习目标

★知识目标

（1）了解变频器的工作原理、基本结构和各基本功能参数的意义。

（2）熟悉变频器操作面板和外部端子组合控制的接线和参数设置。

（3）熟悉变频器多段调速的参数设置和外部端子的接线。

★能力目标

（1）了解变频器外部控制端子的功能，学会外部运行模式下变频器的操作方法。

（2）能够独立完成多段速 PLC 控制系统线路的安装。

（3）能运用变频器的外部端子和参数设置实现基于 PLC 的多段速控制。

二、项目介绍

现代工业生产中，在不同场合下要求生产机械采用不同的速度进行工作，以保证生产机械的合理运行，并提高产品的质量。改变生产机械的速度就是调速，如金属切削机械在进行精加工时，为提高工件的表面光洁度而需要提高切削速度；对鼓风机和泵类负载，用调节转速来调节流量的方法，比通过阀门来调节的方法更要节能等等。20 世纪 70 年代，随着交流电动机的调速控制理论、电力电子技术、以微处理器为核心的全数字化控制等关键技术的发展，交流电动机变频调速技术逐步成熟。目前，变频技术的运用几乎已经扩展到了工业的所有领域，并且在空调、洗衣机、电冰箱等家电产品中也得到了广泛的应用。

★ 项目描述

在工业自动化控制系统中，最为常见的是 PLC 和变频器的组合运用，并且产生了多种多样的 PLC 控制变频器的方式，比如可以利用 PLC 的模拟量输出模块控制变频器，PLC 还可以通过 485 通信接口控制变频器，也可以利用 PLC 的开关量输入/输出模块控制变频器。

★ 控制要求

用 PLC、变频器设计一个电动机 7 段速运行的综合控制系统。其控制要求如下：

按下启动按钮，电动机以表 2-13-1 设置的频率进行 7 段速度运行，每隔 5 s 变化一次速度，最后电动机以 45 Hz 的频率稳定运行，按停止按钮，电动机即停止工作。

表 2-13-1　7 段速度的设定值

7 段速度	1 段	2 段	3 段	4 段	5 段	6 段	7 段
设定值	10 Hz	20 Hz	25 Hz	30 Hz	35 Hz	40 Hz	45 Hz

三、相关知识

1. 变频器的基本调速原理

三相异步电动机的转速表达式为

$$n = n_0(1-s) = \frac{60f}{p}(1-s) \qquad (2-13-1)$$

由公式(2-13-1)可知，改变三相笼型异步电动机的供电电源频率，也就是改变电动机的同步转速 n_0，即可实现电动机的调速，这就是变频调速的基本原理。

从公式表面上看来，只要改变定子电源电压的频率 f 就可以调节转速大小了，但是事实上只改变 f 并不能正常调速，而且会引起电动机因过电流而烧毁的可能。这是由异步电动机的特性决定的。

对三相异步电动机实行调速时，希望主磁通保持不变。因为如果磁通太弱，铁心利用不充分，在同样的转子电流下，电磁转矩就小，电动机的负载能力下降，要想负载能力恒定就得加大转子电流，这就会引起电动机因过电流发热而烧毁；如果磁通太强，电动机会处于过励磁状态，使励磁电流过大，铁心发热，同样会引起电动机过电流发热。所以变频调速一定要保持磁通恒定。

如何才能实现磁通恒定呢？三相异步电动机定子每相电动势的有效值为

$$E_1 = 4.44f_1N_1\Phi_m \qquad (2-13-2)$$

对某一电动机来讲，$4.44N_1$ 是一个固定常数，从公式(2-13-2)可知，每极磁通 Φ_m 的值是由 f_1 和 E_1 共同决定的，对 f_1 和 E_1 进行适当控制，就可维持磁通量 Φ_m 保持不变。所以只要保持 E_1/f_1 等于常数，即保持电动势与频率之比为常数就可以进行控制。

由上面分析可知，异步电动机的变频调速必须按照一定的规律同时改变其定子电压和频率，即通过变频器获得电压和频率均可调节的供电电源，实现变压变频调速控制。

2. 变频器的基本结构

变频器分为交—交和交—直—交两种形式。交—交变频器可将工频交流直接转换成频率、电压均可控制的交流；交—直—交变频器则先把工频交流通过整流器转换成直流，然后再把直流转换成频率、电压均可控制的交流，其基本构成如图 2-13-1 所示。主要由主电路(包括整流器、中间直流环节、逆变器)和控制电路组成。

整流器主要是将电网的交流整流成直流；逆变器是通过三相桥式逆变电路将直流转换成任意频率的三相交流；中间环节又叫中间储能环节，由于变频器的负载一般为电动机，属于感性负载，运行中中间直流环节和电动机之间总会有无功功率交换，这种无功功率将由中间环节的储能元件(电容器或电抗器)来缓冲；控制电路主要是完成对逆变器的开关控制、对整流器的电压控制以及完成各种保护功能。

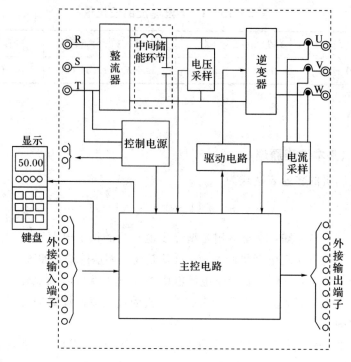

图 2 - 13 - 1　变频器基本结构

3. 变频器的操作面板

三菱公司的 FR - A500 系列变频器的外形如图 2 - 13 - 2 所示，操作面板外形如图 2 - 13 - 3 所示，操作面板(FR - DU04)各按键及各显示符的功能如表 2 - 13 - 2、表 2 - 13 - 3 所示。

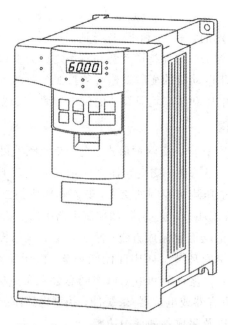

图 2 - 13 - 2　变频器外形结构示意图

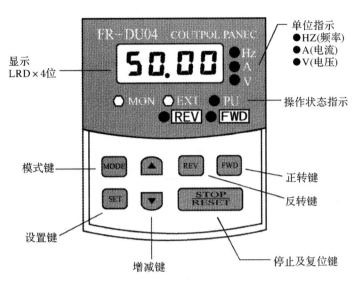

图 2-13-3 操作面板(FR-DU04)外形图

表 2-13-2 操作面板各按键功能

按键	说　　明
MODE 键	可用于选择操作模式或设定模式
SET 键	用于确定频率和参数的设定
▲/▼ 键	用于连续增加或降低运行频率,按下这个键可改变频率; 在设定模式中按下此键,则可连续设定参数
FWD 键	用于给出正转指令
REV 键	用于给出反转指令
STOP PESET 键	用于停止运行; 用于保护功能动作输出停止时复位变频器(用于主要故障)

表 2-13-3 操作面板各显示符的功能

显　示	说　　明
Hz	显示频率时点亮
A	显示电流时点亮
V	显示电压时点亮

续表

显 示	说 明
MON	监示显示模式时点亮
PU	PU 操作模式时点亮
EXT	外部操作模式时点亮
FWD	正转时闪烁
REV	反转时闪烁

4. 操作面板的使用

通过 FR-DU04 型操作面板可以进行改变监视模式、设定运行频率、设定参数、显示错误、报警记录清除及参数复制等操作，下面介绍几个最常用的操作方法。

（1）PU 工作模式。按"MODE"键可改变 PU 工作模式，如图 2-13-4 所示。

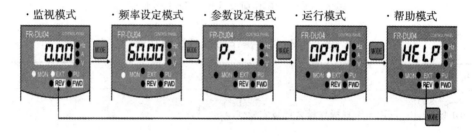

图 2-13-4　PU 工作模式的操作

（2）监视模式。在监视模式下，按"SET"键可改变监视类型，其操作如图 2-13-5 所示，监视显示在运行中也可改变。

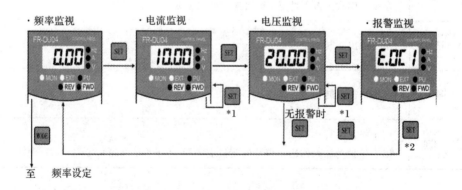

图 2-13-5　改变监视类型的操作

说明：① 按下标有 * 1 的 $\boxed{\text{SET}}$ 键超过 1.5 s 能把电流监视模式改为上电监视模式。

② 按下标有 * 2 的 $\boxed{\text{SET}}$ 键超过 1.5 s 能显示包括最近 4 次的错误指示。

③ 在外部操作模式下转换到参数设定模式。

（3）频率设定模式。在频率设定模式下，可以改变频率设定，其操作如图2-13-6所示。

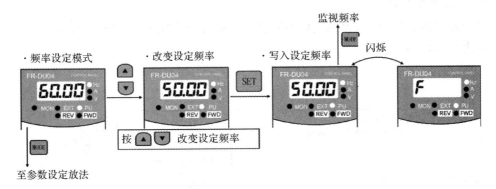

图2-13-6　改变设定频率的操作

（4）参数设定模式。在参数设定模式下，改变参数号及参数设定值时，可以用 ▲/▼ 键来设定，其操作如图2-13-7所示。

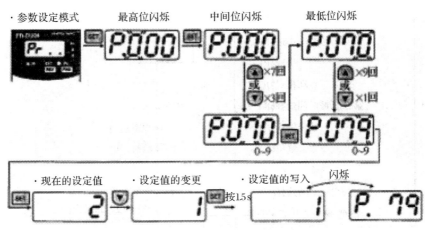

图2-13-7　参数设定的操作

（5）运行模式。在运行模式下，可以用 ▲/▼ 键改变操作模式，其操作方法如图2-13-8所示。

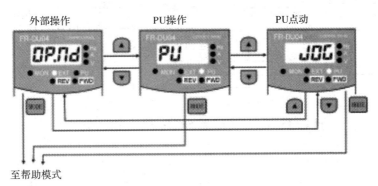

图2-13-8　改变操作模式的操作

5. 外部端子接线图

三菱公司的 FR-A500 系列变频器的各电路接线端子如图 2-13-9 所示,有关端子的说明如表 2-13-4 所示。

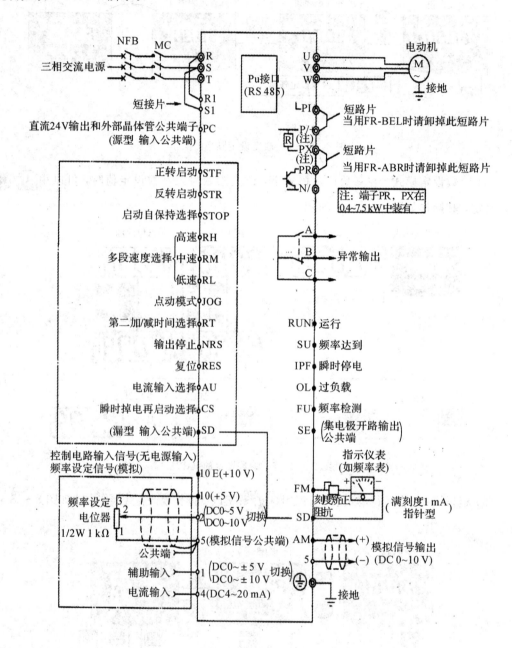

图 2-13-9 FR-A500 系列变频器各电路接线端子

表 2－13－4 控制回路端子说明

类　型		端子记号	端子名称	说　　明	
输入信号	启动及功能设定	STF	正转启动	STE 处于"ON"为正转，处于"OFF"停止。程序运行模式时，为程序运行开始信号（"ON"开始，"OFF"停止）	当 STF 和 STR 信号同时处于"ON"时，相当于给出停止指令
		STR	反转启动	STR 信号处于"ON"为反转，处于"OFF"为停止	
		STOP	启动保持选择	使 STOP 信号处于"ON"，可以选择启动信号自保持	
		RH, RM, RL	多段速度选择	用 RH、RM 和 RL 信号的组合可以选择多段速度	输入端子功能选择（Pr. 180～Pr. 186）用于改变端子功能
		JOG	点动模式选择	JOG 信号"ON"时选择点动运行（出厂设定），用启动信号（STF 和 STR）可以点动运行	
		RT	第 2 加/减速时间选择	RT 信号处于"ON"时选择第 2 加/减速时间。设定了[第 2 力矩提升]第 2V/F（基底频率）时，也可以用 RT 信号处于"ON"时选择这些功能	
		MRS	输出停止	MRS 信号为"ON"（20 ms 以上）时，变频器输出停止。用电磁制动停止电动机时，用于断开变频器的输出	
		RES	复位	使端子 RES 信号处于"ON"（0.1 s 以上）时，然后断开，可用于解除保护回路动作的状态	
		AU	电流输入选择	只在端子 AU 信号处于"ON"时，变频器才可用直流 4～20 mA 作为频率设定信号	输入端子功能选择（Pr. 180～Pr. 186）用于改变端子功能
		CS	瞬时停电再启动选择	CS 信号预先处于"ON"时，瞬时停电再恢复时变频器便可自动启动，但用这种运行方式时必须设定有关参数，因为出厂时设定为不能再启动	
		SD	公共输入端（漏型）	输入端子和 FM 端子的公共端。直流 24 V；0.1 A（PC 端子）电源的输出公共端	
		PC	直流 24V 电源和外部晶体管公共端接点输入公共端（源型）	当连接晶体管输出（集电极开路输出如可编程控制器）时，将晶体管输出用的外部电源公共端接到这个端子时可以防止因漏电引起的误动作，该端子可用于直流 24 V，0.1 A 电源输出。当选择源型时，该端子作为接点输入的公共端	

续表一

类 型		端子记号	端子名称	说 明	
模拟信号	频率设定	10E	频率设定用电源	10 V DC,容许负荷电流 10 mA	按出厂设定状态连接频率设定电位器时,与端子 10 连接。当连接到 10E 时,改变端子 2 的输入规格
		10		10 V DC,容许负荷电流 10 mA	
		2	频率设定(电压)	输入 0～5 V DC(或 0～10V DC)时,5V(10 V)对应为最大输出频率,输入/输出成比例。用操作面板进行输入直流 0～5 V(出厂设定)和 0～10 V 的切换。输入阻抗 10 kΩ 容许最大电压为直流 20V	
		4	频率设定(电流)	DC4～20 mA,20 mA 为最大输出频率,输入/输出成比例。只在端子 AU 信号处于"ON"时,该输入信号有效。输入阻抗为 250 Ω 时,容许最大电流为 30 mA	
		1	辅助频率设定	输入 0～±5 V DC 或 0～±10 V DC 时,端子 2 或 4 的频率设定信号与这个信号相加。用 Pr.73 设定不同的参数进行输入 0～±5 V DC 或 0～±10 V DC(出厂设定)的选择。输入阻抗 10 kΩ 容许电压为 ±20 V DC	
		5	频率设定公共端	频率信号设定端(2,1 或 4)和模拟输出端 AM 的公共端子不要接地	
输出信号	接点	A,B,C	异常输出	指示变频器因保护功能动作而输出停止的转换接点,AC200V 0.3 A,DC 30 V 0.3 A。异常时,B－C 间不导通(A－C 间导通),正常时,B－C 间导通(A－C 间不导通)	输出端子的功能选择通过(Pr.190～Pr.195)改变端子功能
	集电极开路	RUN	变频器正在运行	变频器输出频率为启动频率(出厂时为 0.5 Hz,可变更)以上时为低电平,正在停止或正在直流制动时为高电平[1],容许负荷为 DC 24 V,0.1 A	
		SU	频率到达	输出频率达到设定频率的 ±10%(出厂设定,可变更)时为低电平,正在加/减或停止时为高电平[2],容许负荷为 DC 24 V,0.1 A	
		OL	过负荷报警	当失速保护功能动作时为低电平,失速保护解除时为高电平[1],容许负荷为 DC 24 V,0.1 A	
		IPF	瞬时停电	瞬时停电,电压不足保护动作时为低电平[1],容许负荷为 DC 24 V,0.1 A	
		FU	频率检测	输出频率为任意设定的检测频率以上时为低电平,以下时为高电平[1],容许负荷为 DC24V,0.1A	
		SE	集电极开路输出公共端	端子 RUN、SU、OL、IPF、FU 的公共端子	

续表二

类 型		端子记号	端子名称	说　明	
脉冲		FM	指示仪表用	可以从 16 种监视项目中选一种作为输出*2，如输出频率，输出信号与监视项目的大小成比例	出厂设定的输出项目：频率容许负荷电流 1 mA，60 Hz 时 1440 脉冲/s
模拟		AM	模拟信号输出		出厂设定的输出项目：频率输出信号 0～DC10V 时，容许负荷电流 1 mA
通信	RS－48	PU	PU 接口	通过操作面板的接口，进行 RS－485 通信 ● 遵守标准：EIARS－485 标准 ● 通信方式：多任务通信 ● 通信速率：最大 19200 bit/s ● 最长距离：500 m	

说明： *1 为低电平表示集电极开路输出用的晶体管处于"ON"（导通状态），高电平为"OFF"（不导通状态）。

　　*2 为变频器复位中不被输出。

6. 变频器的外部运行操作方式

1）外部信号控制变频器连续运行

图 2－13－10 是外部信号控制变频器连续运行的接线图。当变频器需要用外部信号控制连续运行时，将 P79 设为 2，此时，EXT 灯亮，变频器的启动、停止以及频率都通过外部端子由外部信号来控制。

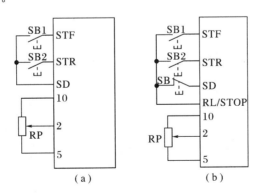

图 2－13－10　外部信号控制连续运行的接线图

若按图 2－13－10(a)所示接线，当合上 SBl、调节电位器 RP 时，电动机可正向加、减速运行；当断开 SB1 时，电动机即停止运行。当合上 SB2、调节电位器 RP 时，电动机可反向加、减速运行；当断开 SB2 时，电动机即停止运行。当 SB1、SB2 同时合上时，电动机即停止运行。

若按图 2 - 13 - 10(b)所示接线，将 RL 端子功能设置为"STOP"(运行自保持)状态(P60=5)，当按下 SB1、调节电位器 RP 时，电动机可正向加、减速运行，当断开 SB1 时，电动机继续运行；当按下 SB 时，电动机即停止运行；当按下 SB2、调节电位器 RP 时，电动机可反向加、减速运行，当断开 SB2 时，电动机继续运行，当按下 SB 时，电动机即停止运行；当先按下 SB1(或 SB2)时，电动机可正向(或反向)运行，之后再按下 SB2(或 SB1)时，电动机即停止运行。

2) 外部信号控制变频器点动运行(P1S、P16)

当变频器需要用外部信号控制点动运行时，可将 P60～P63 的值设定为 9，这时对应的 RL、RM、RH、STR 可设定为点动运行端口。点动运行频率由 Pl5 决定，并且把 P15 的设定值设定在 P13 的设定值之上；点动加、减速时间参数由 P16 设定。

按图 2 - 13 - 11 所示接线，将 P79 设为 2，变频器只能执行外部操作模式。将 P60 设为 9，并将对应的 RL 端子设定为点动运行端口(JOG)，此时，变频器处于外部点动状态，设定好点动运行频率(P15)和点动加、减速时间参数(P16)。在此条件下，若按 SB1，电动机点动正向运行；若按 SB2，电动机点动反向运行。

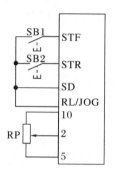

图 2 - 13 - 11　外部信号控制点动运行的接线图

7. 操作面板 PU 与外部信号的组合控制

(1) 外部端子控制电动机启停，操作面板 PU 设定运行频率(P79=3)。

当需要操作面板 PU 与外部信号的组合控制变频器连续运行时，将 P79 设为 3，"EXT"和"PU"灯同时亮，可用外部端子"STF"或"STR"控制电动机的启动、停止，用操作面板 PU 设定运行频率。在图 2 - 13 - 10(a)中，合上 SB1，电动机正向运行在 PU 设定的频率上，断开 SB1，即停止；合上 SB2，电动机反向运行在 PU 设定的频率上，断开 SB2，即停止。

(2) 操作面板 PU 控制电动机的启动、停止，用外部端子设定运行频率(P79=4)。

若将 P79 设为 4，"EXT"和"PU"灯同时亮，可用按操作面板 PU 上的"RUN"和"STOP"键控制电动机的启动、停止，调节外部电位器 RP，可改变运行频率。

8. 多段速度运行

变频器可以在 3 段(P4～6)或 7 段(P4～P6 和 P24～P27)速度下运行，见表 2 - 13 - 5 所示，其运行频率分别由参数 P4～P6 和 P24～P27 来设定，由外部端子来控制变频器实际运行在哪一段速度。图 2-13-12 为 7 段速度对应的端子示意图。

表 2-13-5　7 段速度对应的参数号和端子

7 段速度	1 段	2 段	3 段	4 段	5 段	6 段	7 段
输入端子闭合	RH	RM	RL	RM、RL	RH、RL	RH、RM	RH、RM、RL
参数号	P4	P5	P6	P24	P25	P26	P27

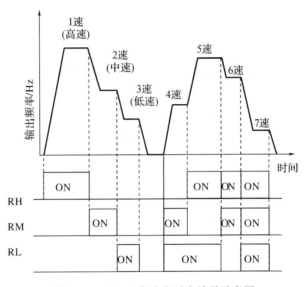

图 2-13-12　7 段速度对应端子示意图

四、任务实施

1. 设计思路

电动机的 7 段速运行可采用变频器的多段运行来控制，变频器的多段运行信号通过 PLC 的输出端子来提供，即通过 PLC 控制变频器的 RL、RM、RH、STR、STF 端子与 SD 端子的通和断。将 P79 设为 3，采用操作面板 PU 与外部信号的组合控制，用操作面板 PU 设定运行频率，用外部端子控制电动机的启动、停止。

2. 变频器的参数设定

根据表 2-13-1 的控制要求，设定变频器的基本参数、操作模式选择参数和多段速度设定等参数，具体如下：

（1）上限频率 P1＝50 Hz。

（2）下限频率 P2＝0 Hz。

（3）基波频率 P3＝50 Hz。

（4）加速时间 P7＝2.5 s。

（5）减速时间 P8＝2.5 s。

（6）电子过电流保护 P9 设为电动机的额定电流。

（7）操作模式选择（组合）P79＝3。

（8）多段速度设定（1 速）P4＝10 Hz。

（9）多段速度设定（2 速）P5＝20 Hz。

（10）多段速度设定（3 速）P6＝25 Hz。

（11）多段速度设定（4 速）P24＝30 Hz。

（12）多段速度设定（5 速）P25＝35 Hz。

（13）多段速度设定（6 速）P26＝40 Hz。

（14）多段速度设定（7 速）P27＝45 Hz。

（15）将 STR 端子功能选择设为"复位"（RES）功能，即 P63＝10。

3. 输入/输出分配表

根据系统的控制要求、设计思路和变频器的设定参数，PLC 的输入/输出分配表见表 2-13-6。

表 2-13-6　7 段速 PLC 控制输入/输出分配表

输　入	输入点	输　出	输出点
启动按钮 SB1	X0	运行信号 STF	Y0
停止按钮 SB2	X1	1 速（RH）	Y1
		2 速（RM）	Y2
		3 速（RL）	Y3
		复位（STR/RES）	Y4

4. 输入/输出接线图

用三菱 FX$_{3U}$型可编程控制器实现 7 段速 PLC 控制的输入/输出接线，如图 2-13-13 所示。

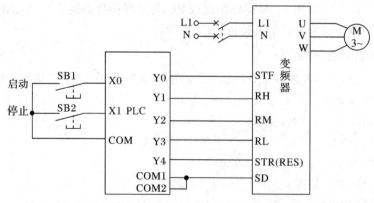

图 2-13-13　7 段速 PLC 控制 PLC 与变频器的外部接线示意图

5. 编写梯形图程序

根据系统控制要求，可设计出控制系统的状态转移图，如图 2 - 13 - 14 所示。

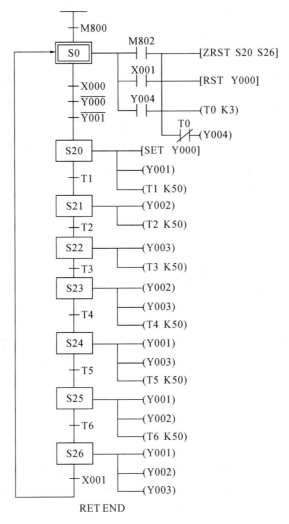

图 2 - 13 - 14　7 段速 PLC 控制的状态转移图

6. 系统调试

（1）先给变频器上电，按上述变频器的设定参数值进行变频器的参数设定。

（2）输入 PLC 梯形图程序，将图 2 - 13 - 14 所示的状态转移图转换成步进梯形图，通过编程软件正确输入计算机中，并将 PLC 程序文件下载到 PLC 中。

（3）PLC 模拟调试。按图 2 - 13 - 13 所示的系统接线图正确连接好输入设备（按钮 SB1、SB2），进行 PLC 的模拟调试，观察 PLC 的输出指示灯是否按要求指示（按下启动按钮 SB1，PLC 输出指示灯 Y0、Y1 亮，5 s 后 Y1 灭，Y0、Y2 亮，再过 5 s 后 Y2 灭，Y0、Y3 亮，再过 5 s 后 Y1 灭，Y0、Y2、Y3 亮，再过 5 s 后 Y2 灭，Y0、Y1、Y3 亮，再过 5 s 后 Y3 灭，Y0、Y1、Y2 亮，再过 5 s 后 Y0、Y1、Y2、Y3 亮，任何时候按下停止按钮 SB2，Y0～Y3 都熄灭，Y4 闪一下）。若输出有误，检查并修改程序，直至指示正确。

（4）空载调试。按图 2-13-13 所示的系统接线图，将 PLC 与变频器连接好，但不接电动机，进行 PLC、变频器的空载调试，通过变频器的操作面板观察变频器的输出频率是否符合要求（即按下启动按钮 SB1，变频器输出 10 Hz，5 s 后输出 20 Hz，以后分别以 5 s 的间隔输出 25 Hz、30 Hz、35 Hz、40 Hz、45 Hz，任何时候按下停止按钮 SB2，变频器在 2 s 内减速至停止），若变频器的输出频率不符合要求，检查变频器参数、PLC 程序，直至变频器按要求运行。

（5）系统调试。按图 2-13-13 所示的系统接线图正确连接好全部设备，进行系统调试，观察电动机能否按控制要求运行（即按下启动按钮 SB1，电动机以 10 Hz 速度运行，5 s 后转为 20 Hz 速度运行，以后分别以 5 s 的间隔转为 25 Hz、30 Hz、35 Hz、40 Hz、45 Hz 的速度运行，任何时候按下停止按钮 SB2，电动机在 2 s 内减速至停止）。否则，检查系统接线、变频器参数、PLC 程序，直至电动机按控制要求运行。

（6）记录程序调试的结果。

五、拓展训练

用 PLC、变频器设计一个运料小车控制系统，控制要求如下：

（1）启动按钮 SB1 用来开启运料小车，停止按钮 SB2 用来手动停止运料小车，小车运行到位用左右限位开关模拟。

（2）工艺流程：按 SB1，小车从原点启动，右行，直到碰到 SQ2，KM1 接触器吸合，使料斗开启 7 s 装料。随后，小车自动返回原点，直到碰到原点限位开关为止。小车卸料时，KM2 接触器吸合，小车卸料时间为 5 s，5 s 后卸料结束，完成任务。

（3）小车不在原位不能启动，如果小车不在原位，按停止按钮可回到原点。

要求：编制其 PLC 程序，安装接线并调试运行。

六、巩固与提高

（1）某电动机在生产过程中的控制要求如下：按下启动按钮，电动机以表 2-13-7 设定的频率进行 5 段速度运行，每隔 8 s 变化一次速度，按停止按钮，电动机即停止。试用 PLC 和变频器设计电动机 5 段速运行的控制系统。其速段设定值如表 2-13-7 所示。

表 2-13-7 5 段速度的设定值

5 段速度	1 段	2 段	3 段	4 段	5 段
设定值（Hz）	15	25	35	40	45

（2）用 PLC、变频器设计一个工业洗衣机的控制系统。其控制要求如下：

① 工业洗衣机的控制流程如图 2-13-15 所示。系统在初始状态时，按启动按钮则开始进水。到达高水位时，停止进水，并开始洗涤正转。洗涤正转 15 s 暂停 3 s，洗涤反转 15 s 暂停 3 s（为一个小循环）。

② 若小循环未满 3 次，则返回洗涤正转开始下一个小循环；若小循环满 3 次，则结束小循环开始排水。水位下降到低水位时，开始脱水并继续排水，脱水 10 s 即完成一个大循环。

③ 若大循环未满 3 次，则返回进水进入下一次大循环；若完成 3 次大循环，则进行洗完报警，报警 10 s 后结束全部过程，自动停机。

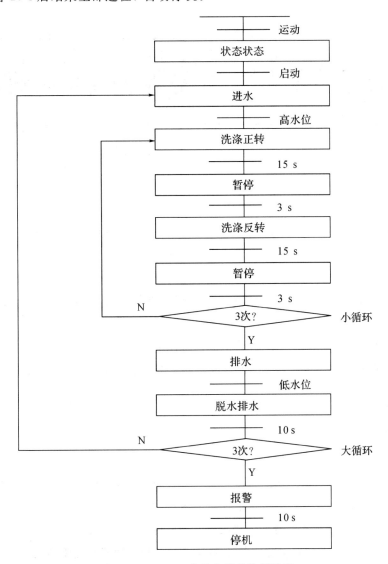

图 2-13-15　工业洗衣机的控制流程

项目十四　三菱 FX₃ᵤ系列 PLC 的网络应用

一、学习目标

★知识目标

（1）了解 PLC 通信的基本知识，了解三菱 PLC N∶N 网络的工作原理。

（2）掌握与通信有关的特殊辅助继电器及数据寄存器的功能及含义。

★能力目标

（1）能够正确应用 RS－485－BD 通信模板，理解主站/从站的概念，并能正确进行接线。

（2）能够组建 N∶N 网络，进行简单通信程序的编写。

（3）可以按规定进行通电调试，出现故障时，能根据设计要求独立检修，直至系统正常工作。

二、项目介绍

★项目描述

PLC 的通信指的是 PLC 与计算机、PLC 与现场设备以及 PLC 与 PLC 之间的信息交换。随着网络技术的发展、工业自动化程度要求的提高，生产过程的自动控制系统从传统的集中式控制向多级分布式控制的方向发展，构成控制系统的 PLC 也必须具备通信及网络的功能。因此，为适应工业自动化系统不断提高的自动化要求，几乎所有的 PLC 厂家都开发了自己的通信接口和通信模块。本项目以亚龙 YL－335B 型自动生产线实训考核设备为平台，进行网络组建。

★控制要求

本项目的具体控制要求如下：

（1）0 号站的 X1～X4 分别对应 1 号站～4 号站的 Y0（注：即当网络工作正常时，按下 0 号站 X1，则 1 号站的 Y0 输出，依次类推）。

（2）当 1 号站～4 号站的 D200 的值等于 50 时，对应 0 号站的 Y1、Y2、Y3、Y4 输出。

（3）从 1 号站读取 4 号站的 D220 的值，保存到 1 号站的 D220 中。

三、相关知识

（一）PLC 通信的基本知识

1. 通信系统

通信系统由硬件设备和软件共同组成。其中，硬件设备包括发送设备、接收设备和通信介质等，软件部分包括通信协议和通信编程软件。PLC 通信的任务就是把地理位置不同的 PLC、计算机及各种现场设备用通信介质连接起来，按照通信协议和通信软件的要求，完成数据的传送、交换和处理。

2. 通信协议

PLC 网络如同计算机网络一样，也是由各种数字设备（其中也包括 PLC、计算机等）和终端设备（显示器、打印机等）通过通信线路连接起来的复合系统。在网络系统中，为确保数据通信双方能正确并且自动地进行通信，针对通信过程中由于各种数字设备的型号、通信线路的类型、连接方式、同步方式、通信方式的不同等原因引起的各种问题，制定了一整套约定，这就是网络系统的通信协议，又称网络通信规程。通信协议主要用于规定各种数据的传输规则，使之能更有效地利用通信资源，以保证通信的畅通。

根据通信系统中数据传输方式的不同，通信协议可以分为并行通信和串行通信两种方式。

1）并行通信

并行通信是以字节或字为单位的数据传输方式，一个数据的所有位同时传送，因此，每个数据位都需要一条单独的传输线，信息由多少二进制位组成就需要多少条传输线。并行通信的传送速度快，但是传输线的根数多，成本高，主要在近距离的数据传送中使用。并行通信一般用于 PLC 的内部，如 PLC 内部元件之间、PLC 主机与扩展模块之间或近距离智能模块之间的数据通信。并行通信传送格式如图 2-14-1 所示。

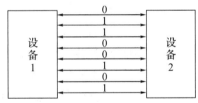

图 2-14-1　并行通信传送格式示意图

2）串行通信

串行通信是以二进制的位（bit）为单位的数据传输方式，传送时，数据的各个不同位分时使用同一条传输线，从低位开始一位接一位按顺序传送，数据有多少位就需要传送多少次，每次只传送一位，串行通信需要的传输线少，最少的只需要两三根线，适用于距离较远的场合。串行通信多用于 PLC 与计算机之间、多台 PLC 之间的数据通信。其传送格式如图 2-14-2 所示。

在串行通信中，传输速率常用比特率（每秒传送的二进制位数）来表示，其单位是比特/秒（b/s）。传输速率是评价通信速度的重要指标。常用的标准传输速率有 300 b/s、600 b/s、1200 b/s、2400 b/s、4800 b/s、9600 b/s 和 19200 b/s 等。不同的串行通信的传输速率差别极大，有的只有数百 b/s，有的可达 100M b/s。

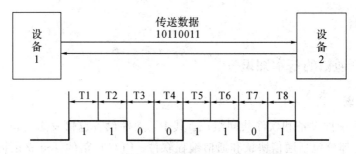

图 2-14-2 串行通信传送格式示意图

一般情况下，串行通信用以下两类分类方式进行分类。

(1) 单工通信与双工通信。串行通信按信息在设备间的传送方向又分为单工通信与双工通信两种方式。

单工通信方式只能沿单一方向发送或接收数据。双工通信方式的信息可沿两个方向传送，每一个通信方既可以发送数据，也可以接收数据。双工通信方式又分为全双工通信和半双工通信两种方式。数据的发送和接收分别由两根或两组不同的数据线传送，通信的双方都能在同一时刻接收和发送信息，这种传送方式称为全双工通信方式；用同一根线或同一组线接收和发送数据，通信的双方在同一时刻只能发送数据或接收数据，这种传送方式称为半双工通信方式。在 PLC 通信中常采用半双工通信和全双工通信。

(2) 异步通信与同步通信。在串行通信中，通信的速率与时钟脉冲有关，接收方和发送方的传送速率应相同。但是实际的发送速率与接收速率之间总是有一些微小的差别，如果不采取一定的措施，在连续传送大量的信息时，将会因积累误差造成错位，使接收方收到错误的信息。为了解决这一问题，需要使发送和接收同步。按同步方式的不同，可将串行通信分为异步通信和同步通信。

异步通信允许传输线上的各个部件有各自的时钟，在各部件之间进行通信时没有统一的时间标准，相邻两个字符传送数据之间的停顿时间长短是不一样的，它是靠发送信息时同时发出字符的开始和结束标志信号来实现的，异步通信的信息格式如图 2-14-3 所示。异步通信发送的数据字符由一个起始位、7～8 个数据位、1 个奇偶校验位（可以没有）和停止位(1 位、1.5 或 2 位)组成。异步通信传送附加的非有效信息较多，它的传输效率较低，一般用于低速通信，PLC 一般使用异步通信。

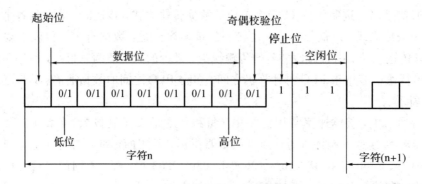

图 2-14-3 异步通信的信息格式

在同步通信中，发送方和接收方使用同一时钟脉冲，同步通信以字节为单位（一个字节由 8 位二进制数组成），每次传送 1～2 个同步字符、若干个数据字节和校验字符。其中，同步字符起联络作用，用它来通知接收方开始接收数据。由于同步通信方式不需要在每个数据字符中加起始位、停止位和奇偶校验位，只需要在数据块（往往很长）之前加一两个同步字符，所以传输效率高，但是对硬件的要求也较高。同步通信一般用于高速通信。

3. 通信介质

通信介质就是在通信系统中位于发送端与接收端之间的物理通路。目前 PLC 普遍使用的通信介质有双绞线、同轴电缆、光纤等。

4. 通信接口标准

PLC 通信主要采用串行异步通信，其常用的串行通信接口标准有 RS‑232C、RS‑422、RS‑485 等。

1）RS‑232C

RS‑232C 是美国电子工业协会 EIA 于 1969 年公布的通信协议，它的全称是"数据终端设备(DTE)和数据通信设备(DCE)之间串行二进制数据交换接口技术标准"。RS‑232C 接口标准是目前计算机和 PLC 中最常用的一种串行通信接口。

RS‑232C 的电气接口采用单端驱动、单端接收的电路，容易受到公共地线上的电位差和外部引入的干扰信号的影响，同时还存在以下不足之处：

(1) 传输速率较低，最高传输速率为 20 kb/s。

(2) 传输距离短，最大通信距离为 15 m。

(3) 接口的信号电平值较高，易损坏接口电路的芯片，又因为与 TTL 电平不兼容，故需使用电平转换电路方能与 TTL 电路连接。

2）RS‑422

针对 RS‑232C 的不足，EIA 于 1977 年推出了串行通信标准 RS‑499，对 RS‑232C 的电气特性作了改进，RS‑422 是 RS‑499 的子集。

由于 RS‑422 采用平衡驱动、差分接收电路，从根本上取消了信号地线，大大减少了地电平所带来的共模干扰。RS‑422 在传输速率达到 10 Mb/s 时，允许的最大通信距离为 12 m。传输速率为 100 kb/s 时，最大通信距离为 1200 m。一台驱动器可以连接 10 台接收器。

3）RS‑485

RS‑485 是 RS‑422 的变形，RS‑422 是全双工，两对平衡差分信号线分别用于发送和接收，所以采用 RS‑422 接口通信时最少需要 4 根线。RS‑485 为半双工，只有一对平衡差分信号线，不能同时发送和接收。

由于 RS‑485 接口具有良好的抗噪声干扰性、高传输速率(10 Mb/s)、传输距离(1200 m)长和具有多站能力(最多 128 站)等优点，所以在工业控制中应用广泛。

5. 通信模块

PLC 通信模块的作用是用来完成与其他 PLC、其他智能控制设备或计算机之间的通信。以下简单介绍 FX 系列通信用功能扩展板、适配器及通信模块。

1) 通信扩展板 FX$_{2N}$-232-BD

FX$_{2N}$-232-BD 是以 RS-232C 传输标准连接 PLC 与其他设备的接口板,诸如个人计算机、条形码阅读器或打印机等,可安装在 FX$_{2N}$ 内部。其最大传输距离为 15 m,最高比特率为 19 200 b/s,利用专用软件可对 PLC 运行状态实现监控,也可方便地由个人计算机向 PLC 传送程序。

2) 通信接口模块 FX$_{2N}$-232IF

将 FX$_{2N}$-232IF 连接到 FX$_{2N}$ 系列 PLC 上,可实现与其他配有 RS-232C 接口的设备进行全双工串行通信,例如个人计算机、打印机、条形码阅读器等。在 FX$_{2N}$ 系列上最多可连接 8 块 FX$_{2N}$-232IF 模块。该接口模块用 FROM/TO 指令收发数据,最大传输距离为 15 m,最高波特率为 19 200b/s,占用 8 个 I/O 点。其数据长度、串行通信波特率等都可由特殊数据寄存器进行设置。

3) 通信扩展板 FX$_{3U}$-485-BD

FX$_{3U}$-485-BD 应用于 RS-485 通信,它可以进行无协议的数据传送。FX$_{3U}$-485-BD 在原协议通信方式时,利用 RS 指令在个人计算机、条形码阅读器、打印机之间进行数据传送。传送的最大传输距离为 50 m,最高波特率也为 19 200 b/s。每一台 FX$_{2N}$ 系列 PLC 可安装一块 FX$_{3U}$-485-BD 通信板。除利用此通信板实现与计算机的通信外,还可以用它实现两台 FX$_{3U}$ 系列 PLC 之间的并联。

4) 通信扩展板 FX$_{2N}$-422-BD

FX$_{2N}$-422-BD 应用于 RS-422 通信,可连接 FX$_{2N}$ 系列的 PLC,并作为编程或控制工具的一个端口。可用此接口在 PLC 上连接 PLC 的外部设备、数据存储单元和人机界面。利用 FX$_{2N}$-422-BD 可连接两个数据存储单元(DU)或一个 DU 系列单元和一个编程工具,但一次只能连接一个编程工具。每一个基本单元只能连接一个 FX$_{2N}$-422-BD,且不能与 FX$_{2N}$-485-BD 或 FX$_{2N}$-232-BD 一起使用。

6. 数据通信类型

为了满足用户的不同需求,三菱 PLC 设计了多种通信功能,下面简单介绍 FX 系列 PLC 常用的五种通信类型。

1) N∶N 网络

用 FX$_{3U}$、FX$_{3UC}$、FX$_{2N}$、FX$_{2NC}$、FX$_{1N}$、FX$_{0N}$ 等 PLC 进行的数据传输可建立在 N∶N 的基础上。使用这种网络,能链接小规模系统中的数据。它适合于数量不超过 8 个的 PLC (FX$_{3U}$、FX$_{3UC}$、FX$_{2N}$、FX$_{2NC}$、FX$_{1N}$、FX$_{0N}$)之间的互连。

2) 并行链接

这种网络采用 100 个辅助继电器和 10 个数据寄存器在 1∶1 的基础上来完成数据传输。

3) 计算机链接(用专用协议进行数据传输)

用 RS-485(422)单元进行的数据传输在 1∶n(16)的基础上完成。

4) 无协议通信(用 RS 指令进行数据传输)

用各种 RS-232 单元,包括个人计算机、条形码阅读器和打印机,来进行数据通信,可通过无协议通信完成，这种通信使用 RS 指令或者一个 FX_{2N} - 232IF 特殊功能模块来完成。

5）可选编程端口

对于 FX_{3U}、FX_{3UC}、FX_{2N}、FX_{2NC}、FX_{1N}、FX_{1S} 系列的 PLC，当该端口连接在 FX_{1N} - 232 - BD、FX_{0N} - 232ADP、FX_{1N} - 232 - BD、FX_{2N} - 422 - BD 上时，可以和外围设备（编程工具、数据访问单元、电气操作终端等）互连。

（二）PLC 与 PLC 之间的通信

1. N∶N 链接通信

N∶N 链接通信协议可用于最多 8 台 FX 系列 PLC 的辅助继电器和数据寄存器之间数据的自动交换，其中一台为主机，其余的为从机。N∶N 网络最简单实用，只需要在 PLC 上加装一块通信扩展板即可与其他 PLC 组网，其结构如图 2 - 14 - 4 所示。这种网络通信适用于 FX_{1S}、FX_{0N}、FX_{1N}、FX_{2N}、FX_{3G}、FX_{3U}、FX_{1NC}、FX_{2NC}、FX_{3UC} 等多种系列可编程控制器，在工业现场得到了广泛的应用。在这个网络中，通过刷新范围决定的软元件在各可编程控制器之间执行数据通信，并且可以在所有的可编程控制器中监控这些软元件。

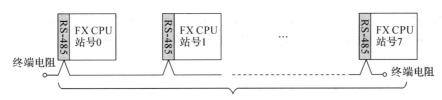

图 2 - 14 - 4　N∶N 网络结构图

N∶N 网络的通信协议是固定的，通信方式采用半双工通信，波特率（b/s）固定为 38 400 b/s，数据长度、奇偶校验、停止位、标题字符、终结字符以及和校验等也均是固定的。

N∶N 网络是采用广播方式进行通信的，网络中每一站点都指定一个用特殊辅助继电器和特殊数据寄存器组成的链接存储区，各个站点链接存储区地址编号都是相同的。各站点向自己站点链接存储区中规定的数据发送区写入数据。网络上任何 1 台 PLC 中的发送区的状态会反映到网络中的其他 PLC 上，因此，数据可供通过 PLC 链接连接起来的所有 PLC 共享，且所有单元的数据都能同时完成更新。其通信参数见表 2 - 14 - 1。

表 2 - 14 - 1　N∶N 网络通信性能参数

项　目	规　格	备　注
连接台数	最多 8 台	
传送规格	符合 RS - 485 规格	
最大总延长距离	最大距离 500 m（仅限于全部使用 485ADP，当系统中混有 485 - BD 时为 50 m）	根据通信设备的种类不同其最大总延长距离也不同
协议形式	N∶N 网络	
控制顺序	—	

续表

项　目		规　格	备　注
通信方式		半双工双向	
波特率		38 400 b/s	
字符格式	起始位	固定	
	数据位		
	奇偶校验		
	停止位		
报头		固定	
报尾			
校验		固定	

2. 安装和连接 N：N 通信网络

本例使用 FX$_{3U}$-485-BD 通信扩展板组建网络，网络安装前应断开电源。各站 PLC 应插上 485-BD 通信板。它的 LED 显示/端子排列如图 2-14-5 所示。

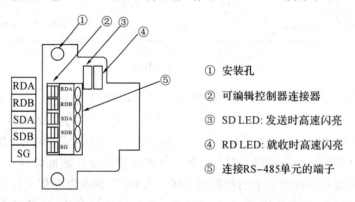

① 安装孔

② 可编辑控制器连接器

③ SD LED: 发送时高速闪亮

④ RD LED: 就收时高速闪亮

⑤ 连接RS-485单元的端子

图 2-14-5　485-BD 板显示/端子排列

YL-335B 系统的 N：N 链接网络，各站点间用屏蔽双绞线相连，如图 2-14-6 所示，接线时须注意终端站要接上 110 Ω 的终端电阻（485-BD 板附件）。

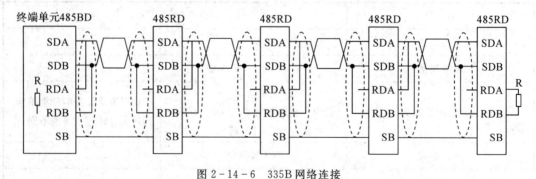

图 2-14-6　335B 网络连接

进行网络连接时应注意如下几点：

(1) 图 2-14-6 中，R 为终端电阻。在端子 RDA 和 RDB 之间连接终端电阻(110 Ω)。

(2) 将端子 SG 连接到可编程控制器主体的每个端子，而主体用 100 Ω 或更小的电阻接地。

(3) 屏蔽双绞线的线径应在英制 AWG 26～16 范围，否则由于端子可能接触不良，不能确保正常的通信。连线时宜用压接工具把电缆插入端子，如果连接不稳定，则通信会出现错误。

如果网络上各站点 PLC 已完成网络参数的设置，则在完成网络连接后，再接通各 PLC 工作电源，可以看到，各站通信板上的 SD LED 和 RD LED 指示灯都出现点亮/熄灭交替的闪烁状态，说明 N∶N 网络已经组建成功。

如果 RD LED 指示灯处于点亮/熄灭的闪烁状态，而 SD LED 没有(根本不亮)，这时须检查站点编号的设置、传输速率(波特率)和从站的总数目。

3. 组建 N∶N 通信网络

FX 系列 PLC N∶N 通信网络的组建主要是通过编程方式设置各站点网络参数来实现的。

FX 系列 PLC 规定了与 N∶N 网络相关的标志位(特殊辅助继电器)和存储网络参数与网络状态的特殊数据寄存器。当 PLC 为 FX_{3U} 或 FX_{2N}(C) 时，N∶N 网络的相关标志(特殊辅助继电器)如表 2-14-2 所示，相关特殊数据寄存器如表 2-14-3 所示。

表 2-14-2 N∶N 网络的特殊辅助继电器

特性	辅助继电器	名 称	描 述	响应类型
R	M8038	N∶N 网络参数设置	用来设置 N∶N 网络参数	M，L
R	M8183	主站点的通信错误	主站点产生通信错误时 ON	L
R	M8184～M8190	从站点的通信错误	从站点产生通信错误时 ON	M，L
R	M8191	数据通信	与其他站点通信时 ON	M，L

注：① R 为只读；W 为只写；M 为主站点；L 为从站点。

② 在 CPU 错误，程序错误或停止状态下，对每一站点处产生的通信错误数目不能计数。

③ M8184～M8190 是从站点的通信错误标志，第 1 从站用 M8184，……第 7 从站用 M8190。

表 2-14-3 N∶N 网络的特殊数据寄存器

特性	数据寄存器	名 称	描 述	响应类型
R	D8173	站点号存	存储自己站点号	M，L
R	D8174	从站点总数	存储从站点的总数	M，L
R	D8175	刷新范围	存储刷新范围	M，L
W	D8176	站点号设置	设置自己的站点号	M，L
W	D8177	从站点总数设置	设置从站点总数	M
W	D8178	刷新范围设置	设置刷新范围模式号	M
W/R	D8179	重试次数设置	设置重试次数	M
W/R	D8180	通信超时设置	设置通信超时	M

特性	数据寄存器	名　称	描　述	响应类型
R	D8201	当前网络扫描时间	存储当前网络扫描时间	M，L
R	D8202	最大网络扫描时间	存储最大网络扫描时间	M，L
R	D8203	主站点通信错误数目	存储主站点通信错误数目	L
R	D8204～D8210	从站点通信错误数目	存储从站点通信错误数目	M，L
R	D8211	主站点通信错误代码	存储主站点通信错误代码	L
R	D8212～8218	从站点通信错误代码	存储从站点通信错误代码	M，L

注：① R 为只读；W 为只写；M 为主站点；L 为从站点。

② 在 CPU 错误、程序错误或停止状态下，对其自身站点处产生的通信错误数目不能计数。

③ D8204～D8210 是从站点的通信错误数目，第 1 从站用 D8204，……第 7 从站用 D8210。

在表 2-14-2 中，特殊辅助继电器 M8038(N∶N 网络参数设置继电器，只读)用来设置 N∶N 网络参数。

对于主站点，用编程方法设置网络参数，就是在程序开始的第 0 步(LD M8038)，向特殊数据寄存器 D8176～D8180 写入相应的参数，仅此而已。对于从站点，则更为简单，只需在第 0 步(LD M8038)向 D8176 写入站点号即可。

例如，图 2-14-7 给出了设置(主站)网络参数的程序，从站程序请读者自行编写。

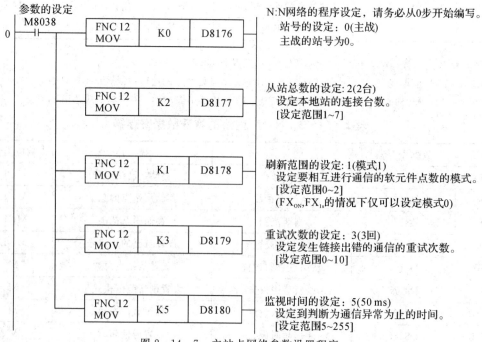

图 2-14-7　主站点网络参数设置程序

上述程序说明如下：

（1）编程时注意，必须确保把以上程序作为 N：N 网络参数设定程序，并从第 0 步开始写入，在不属于上述程序的任何指令或设备执行时结束。这一程序段不需要执行，只需把其编入此位置时，它自动变为有效。

（2）特殊数据寄存器 D8178 用作设置刷新范围，刷新范围指的是各站点的链接存储区。对于从站点，此设定不需要。根据网络中信息交换的数据量不同，可根据表 2 - 14 - 4 所示各种模式下各站点占用的链接软元件进行编程。根据所使用的从站数量，占用的链接点数也有所变化。例如，模式 1 中连接 3 台从站时，占用 M1000～M1223，D0～D33，此后可以作为普通的控制用软元件使用。（没有连接的从站的链接软元件可以作为普通的控制用软元件使用，但是如果预计今后会增加从站的情况时，建议事先空出。）

表 2 - 14 - 4　不同刷新模式下各站占用的链接软元件

站号		模式 0		模式 1		模式 2	
		位软元件(M)	字软元件(D)	位软元件(M)	字软元件(D)	位软元件(M)	字软元件(D)
		0 点	各站 4 点	各站 32 点	各站 4 点	各站 64 点	各站 8 点
主站	站号 0	—	D0～D3	M1000～M1031	D0～D3	M1000～M1063	D0～D7
从站	站号 1	—	D10～D13	M1064～M1095	D10～D13	M1064～M1127	D10～D17
	站号 2	—	D20～D23	M1128～M1159	D20～D23	M1128～M1191	D20～D27
	站号 3	—	D30～D33	M1192～M1223	D30～D33	M1192～M1255	D30～D37
	站号 4	—	D40～D43	M1256～M1287	D40～D43	M1256～M1319	D40～D47
	站号 5	—	D50～D53	M1320～M1351	D50～D53	M1320～M1383	D50～D57
	站号 6	—	D60～D63	M1384～M1415	D60～D63	M1384～M1447	D60～D67
	站号 7	—	D70～D73	M1448～M1479	D70～D73	M1448～M1511	D70～D77

在图 2 - 14 - 4 的程序例子里，刷新范围设定为模式 1。这时每一站点占用 32×8 个位软元件，4×8 个字软元件作为链接存储区。在运行中，对于第 0 号站（主站），希望发送到网络的开关量数据应写入位软元件 M1000～M1031 中，而希望发送到网络的数字量数据应写入字软元件 D0～D3 中，对其他各站点以此类推。

（3）特殊数据寄存器 D8179 设定重试次数，设定范围为 0～10（默认＝3），对于从站点，此设定不需要。如果一个主站点试图以此重试次数（或更高）与从站通信，此站点将发生通信错误。

（4）特殊数据寄存器 D8180 设定通信超时值，设定范围为 5～255（默认＝5），此值乘以 10 ms 就是通信超时的持续驻留时间。

（5）对于从站点，网络参数设置只需设定站点号即可，例如 1 号站的设置，如图 2-14-8 所示。

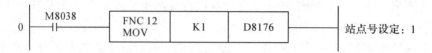

图 2-14-8　从站点网络参数设置程序例

如果按上述对主站和各从站编程，完成网络连接后，再接通各 PLC 工作电源，即使在"STOP"状态下，通信也将正常进行。

四、任务实施

1. 完成 N∶N 网络接线

YL-335B N∶N 网络连接如图 2-14-9 所示，按照图示结构完成网络接线，并根据前面所学知识检查通信是否正常。

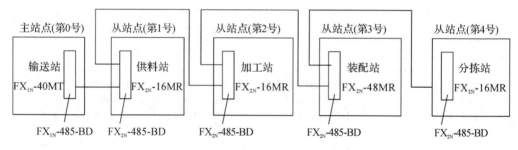

图 2-14-9　YL-335B N∶N 网络配置

2. 编写各站程序

链接好通信口，编写主站程序和从站程序，在编程软件中进行监控，改变相关输入点和数据寄存器的状态，观察不同站的相关量的变化，看现象是否符合任务要求，如果符合说明完成任务，不符合则应检查硬件和软件是否正确，修改后重新调试，直到满足要求为止。

图 2-14-10 和图 2-14-11 分别给出输送站和供料站的参考程序。程序中使用了站点通信错误标志位（特殊辅助继电器 M8183～M8187，见表 2-14-2）。例如，当某从站发生通信故障时，不允许主站从该从站的网络元件读取数据。使用站点通信错误标志位编程，对于确保通信数据的可靠性是有益的，但应注意，站点不能识别自身的错误，为每一站点编写错误程序是不必要的。

请读者自行编写其余各工作站的程序。

3. 系统调试

（1）在断电状态下，连接好 PC/PPI 电缆。

（2）将 PLC 运行模式选择开关拨到"STOP"位置，此时 PLC 处于停止状态，可以进行程序编写。

（3）在作为编程器的计算机上，运行 GX Developer 编程软件。

（4）将主站和从站梯形图程序输入到计算机中。

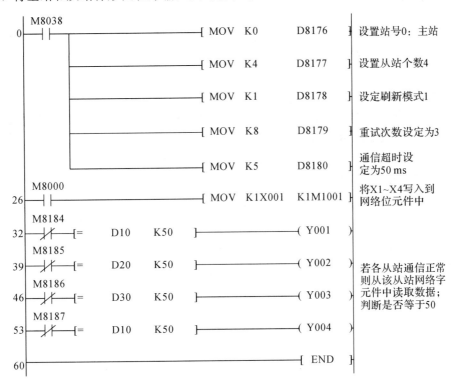

图 2-14-10　输送站（0 号站）网络读写程序

图 2-14-11　供料站（1 号站）网络读写程序

（5）将程序文件下载到 PLC 中。

（6）将 PLC 运行模式的选择开关拨到"RUN"位置，使 PLC 进入运行方式。

（7）在教师的现场监护下进行通电调试，验证系统功能是否符合控制要求。

（8）如果出现故障，应分别检查硬件接线和梯形图程序是否有误，修改完成后应重新调试，直至系统能够正常工作。

五、拓展训练

某自动化生产线由并式供料单元、加工单元、装配单元、输送单元和分料单元等五个工作站组成，每个工作站由一个 FX$_{3U}$ 系列 PLC 控制，PLC 与 PLC 之间通过 N∶N 网络实现通信，交换各站控制信息。控制要求如下：

(1) 通过主站控制所有五个站的启动与停止。

(2) 按下主站启动按钮后，供料单元开始供料，主站(输送单元)抓取物料依次送往加工站、装配站和分拣单元进行相应处理。

(3) 各分站在检测到物料并自动完成单站处理工艺后给主站发出处理完成的信号，主站收到信号后抓取物料送往下一加工单元。

(4) 完成 3 组物料加工以后生产线自动停止。

(5) 运行过程中出现缺料情况时通过警示灯提醒操作人员处理。

训练要求：配置 N∶N 网络，通过编程实现生产线联动控制。

提示：输送单元、并式供料单元、加工单元、装配单元和分料单元等站点依次分配为 0 号站、1 号站、2 号站、3 号站、4 号站。网络模式选择模式 1，通过计数器控制完成 3 组物料后自动停止生产线。

六、巩固与提高

(1) 什么是串行通信？什么是并行通信？各自有什么特点？PLC 主要采用哪种通信方式？

(2) N∶N 链接通信的特点是什么？怎样实现？

(3) 某 N∶N 链接通信的系统有 3 个站点，其中 1 个主站点，2 个从站点，每个站点的可编程序控制器都连接一个 FX$_{3U}$-485-BD 通信板，通信板之间用单根双绞线连接。刷新范围选择模式 1，重试次数选择 3，通信超时选 50 ms，系统要求：

① 主站点的输入点 X000～X003 输出到从站点 1 和 2 的输出点 Y010～Y013。

② 从站点 1 的输入点 X000～X003 输出到主站和从站点 2 的输出点 Y014～Y017。

③ 从站点 2 的输入点 X000～X003 输出到主站和从站点 1 的输出点 Y020～Y023。

项目十五　恒温控制系统设计与调试

一、学习目标

★知识目标

（1）掌握三菱 FX_{3U} 系列 PLC 特殊功能模块 FX_{3U}-4AD 和 FX_{3U}-4DA 的功能与应用。

（2）了解 PLC 对模拟量进行控制的方法。

★能力目标

（1）能够对 FX_{3U}-4AD 模块和 FX_{3U}-4DA 模块进行线路连接。

（2）能够用 FX_{3U}-4AD 模块和 FX_{3U}-4DA 模块设计简单应用系统并进行编程。

（3）能完成恒温控制系统的接线、编程及调试等操作。

二、项目介绍

★项目描述

温度控制是工业生产过程中经常遇到的控制问题，特别是在冶金、化工、建材、食品、机械、石油等工业领域中温度控制的效果直接影响着产品的质量。由于不同场所、不同工艺，所需温度的范围不同、精度不同，所以采用的测温元件、测温方法以及对温度的控制方法或控制算法也不同。本项目主要实现对电加热炉炉温的实时控制（通过控制加热器的电源通断来实现），并将调温、低温或高温信号用指示灯显示。

★控制要求

（1）系统设有手动加热和自动加热两种操作方式。

（2）要求温度控制在 50～60℃。当温度低于 50℃或高于 60℃时，系统应能自动进行调节。

（3）系统由两组加热器进行加热，每组加热器功率为 10 kW，系统在正常情况下 3 min（假设）能提高温度到 60 ℃以上。

（4）当温度在要求的温度范围内时绿灯亮；当温度不在要求范围内且系统自动调节时，绿灯闪烁以示系统处于调温状态；调节 3 min 后若仍不能恢复到要求的温度范围内，控制系统则自动切断加热器并进行声光报警，以提示操作人员及时排查故障。故障报警时，温度低于 50℃时黄灯亮，温度高于 60℃时红灯亮。

三、相关知识

1. 模拟量输入/输出模块

在工业生产过程中，除了有大量的通/断(开/关)信号以外，还有大量的连续变化的信号，例如温度、压力、流量、湿度等。通常先用各种传感器将这些连续变化的物理量变换成电压或电流信号(一般来说，PLC 模拟量输入的电压范围为 1~5V 或 -10~+10V，电流范围为 4~20mA 或 -20~+20mA)，然后再将这些信号连接到适当的模拟量输入模块的接线端上，经过 A/D 功能模块内的模数转换器后，最后将数据传入 PLC 内。有时候，现场设备需要用模拟电压或电流作为给定信号或驱动信号。PLC 模拟量输出模块(D/A 功能模块)的输出端就能根据需要提供这种电压信号或电流信号。

三菱 FX_{3U} 系列 PLC 常用的模拟量输入/输出模块有 FX_{3U}-2AD、FX_{3U}-4AD、FX_{3U}-8AD、FX_{3U}-4AD-PT(FX 系列 PLC 与铂热电阻 Pt100 配合使用的模拟量输入模块)、FX_{3U}-4AD-TC(FX 系列 PLC 与热电偶配合使用的模拟量输入模块)、FX_{3U}-2DA、FX_{3U}-4DA、FX_{3U}-3A(模拟量输入输出模块)和 FX_{3U}-2LC 等。

2. 模拟量输入模块 FX_{3U}-4AD

FX_{3U}-4AD 模拟量输入模块是 4 通道(CH)12 位 A/D 转换模块，它可以将模拟量电压或电流转换为最大分辨率为 12 位的数字量。通过输入端子变换，可以任意选择电压或电流输入状态。选用电压输入时，输入信号范围为 DC-10~+10V，输入阻抗为 200 kΩ，分辨率为 5 mV；选用电流输入时，输入信号范围为 DC-20~+20 mA，输入阻抗为 250 Ω，分辨率为 20 μA。

1) FX_{3U}-4AD 模块的外部接线

FX_{3U}-4AD 通过扩展总线与 FX_{3U} 系列 PLC 基本单元连接。4 个通道的外部连接根据用户要求的不同，选用模拟值范围为 -10~+10 V DC(分辨率 5 mV)，或者 4~20 mA、-20~20 mA(分辨率 20 μA)，其接线方式如图 2-15-1 所示。

对图 2-15-1 的几点说明如下：

(1) 模拟量信号通过双绞线屏蔽电缆与模块相接，电缆应远离电力线和其他可能产生电磁感应噪声的导线。

(2) 当使用电流输入时，则须将"V+"和"I+"相短接。

(3) 如果输入电压有波动，或在外部接线中有电气干扰，可以接一个电容器(0.1~0.47μF/25 V)。

2) FX_{3U}-4AD 模块的缓冲寄存器(BFM)

FX_{3U}-4AD 的内部共有 32 个缓冲寄存器，用来与 FX_{3U} 基本单元进行数据交换，每个缓冲寄存器为 16 位的 RAM。其定义及分配见表 2-15-1 所示。

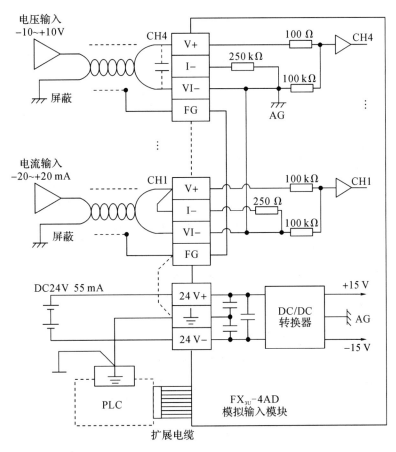

图 2-15-1　FX$_{3U}$-4AD 外部接线图

表 2-15-1　BFM 的定义及分配表

BFM 编号		内　　容
♯0		通道初始化,默认值＝H0000
♯1	通道 1	包含采样数(1~4096),用于得出平均结果。默认值为 8(正常速度),高速操作可选择 1
♯2	通道 2	
♯3	通道 3	
♯4	通道 4	
♯5	通道 1	分别用于存放通道 CH1~CH4 的平均输入采样值
♯6	通道 2	
♯7	通道 3	
♯8	通道 4	

BFM 编号	内　　容								
♯9	通道 1	用于存放每个输入通道读入的当前值							
♯10	通道 2								
♯11	通道 3								
♯12	通道 4								
♯13～♯14	保留								
♯15	A/D 转换速度设置	设为 0 时：正常速度，15 ms/通道（默认值）							
		设为 1 时：高速度，6 ms/通道							
♯16～♯19	保留								
♯20	复位到默认值和预设值：默认值为 0；设为 1 时，所有设置将复位默认值								
♯21	偏移/增益值禁止调整(1，0)；默认值为(0，1)，允许调整								
♯22	指定通道的偏置、增益调整	G4	O4	G3	O3	G2	O2	G1	O1
♯23	偏置值设置，默认值为 0000，单位为 mV 或 μA								
♯24	增益值设置，默认值为 5000，单位为 mV 或 μA								
♯25～♯28	保留								
♯29	错误信息，表示本模块的出错类型								
♯30	识别码(K2010)，固定为 K2010，可用 FROM 读出识别码来确认此模块								
♯31	禁用								

(1) 通道选择。在 BFM♯0 中写入 4 位十六进制数 HXXXX，4 位数字从右至左分别控制 1、2、3、4 四个通道，每位数字取值范围为 0～3，其含义如下：

- 0 表示输入范围为 −10～+10 V。
- 1 表示输入范围为 +4～+20 mA。
- 2 表示输入范围为 −20～+20 mA。
- 3 表示该通道关闭。

例如 BFM♯0 ＝H3312，表示 CH1 通道设定输入电流范围为 −20～+20 mA，CH2 通道设定输入电流范围为 +4～+20 mA，CH3 和 CH4 两通道关闭。

(2) 模拟量转换为数字量的速度设置。可在 FX$_{3U}$-4AD 的 MBFM♯15 中写入 0 或 1 来控制 A/D 转换的速度。应当注意，若要求高速转换，则应尽量少用 FROM 和 TO 指令。

(3) 偏移量和增益值的设置。如图 2−15−2 和图 2−15−3 所示，偏移量（截距）是当数字量输出为 0 时的模拟量输入值，增益值（斜率）是指当数字输出为 +1000 时的模拟量输入值。增益和偏移可以单独或一起设置，合理的偏移量是 −5～5 V 或 −20～20 mA，合理的增益值是 1～5 V 或 4～32 mA。

当 BFM♯20 被设置为 1 时，$FX_{3U}-4AD$ 的全部设定值均恢复到默认值，这样可以快速删去不希望的偏移量和增益值。

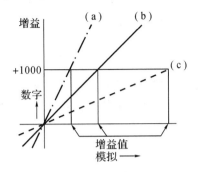
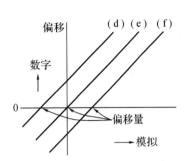

图 2-15-2　$FX_{3U}-4AD$ 增益设置示意图　　　图 2-15-3　$FX_{3U}-4AD$ 偏移量设置示意图

设置每个通道偏移量和增益值时，BFM♯21 的 (b_i, b_{i-1}) 必须设置为 $(0,1)$，若 (b_i, b_{i-1}) 设为 $(1,0)$，则偏移量和增益值被保护。其默认值为 $(0,1)$。

BFM♯23 和 BFM♯24 为偏移量与增益值设定缓冲寄存器，偏移量和增益值的单位是 mV 或 μA，最小单位是 5 mV 或 20 μA。其值由 BFM♯22 的 G_i-O_i（增益-偏移）位状态送到指定的输入通道偏移和增益寄存器中。例如，BFM♯22 的 G_1、O_1 位置为 1，则 BFM♯23 和 BFM♯24 的设定值送入 CH1 的偏移和增益寄存器中。

3）模块的连接与编号

为了使 PLC 能够准确地查找到指定的功能模块，每个特殊功能模块都有一个确定的地址编号，编号的方法是从最靠近 PLC 基本单元的那一个功能模块开始顺次编号，最多可连接 8 台功能模块，其编号依次为 0～7，如图 2-15-4 所示。注意：PLC 的扩展单元不记录在内。

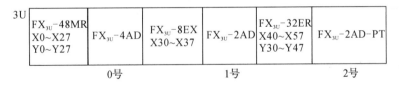

图 2-15-4　特殊功能模块的连接

4）模拟量输入模块的读写方法

FX 系列 PLC 基本单元与特殊功能模块之间的数据通信是由 FROM/TO 指令来执行的。

FROM 是基本单元从特殊功能模块中读取数据的指令，TO 是基本单元将数据写入到特殊功能模块的指令。实际上读写操作都是针对特殊功能模块的缓冲存储器 BFM 进行的。读写指令的格式如图 2-15-5 所示。

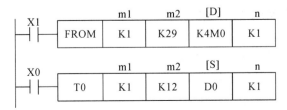

图 2-15-5　读写指令的指令格式

当图中 Xl 为"ON"时，编号为 ml(0~7)的特殊功能模块内从编号为 m2(0~31)开始的 n 个缓冲寄存器（BFM）的数据将读入到 PLC，并存入从[D]开始的 n 个数据寄存器中；当图中 X0 为"ON"时，PLC 基本单元中从[S]指令的元件开始的 n 个数据将写到编号为 ml 的特殊功能模块中从编号为 m2 开始的 n 个数据寄存器中。

【应用实例】

FX$_{3U}$-4AD 模块连接在特殊功能模块的 0 号位置。仅开通 CH1 和 CH2 两个通道作为电压量输入通道。计算平均值的取样次数定为 4 次，并且 PLC 中的数据寄存器 D0 和 D1 分别接收这两个通道输入量平均值数字量，编写梯形图程序。

本例编写的梯形图程序如图 2-15-6 所示。

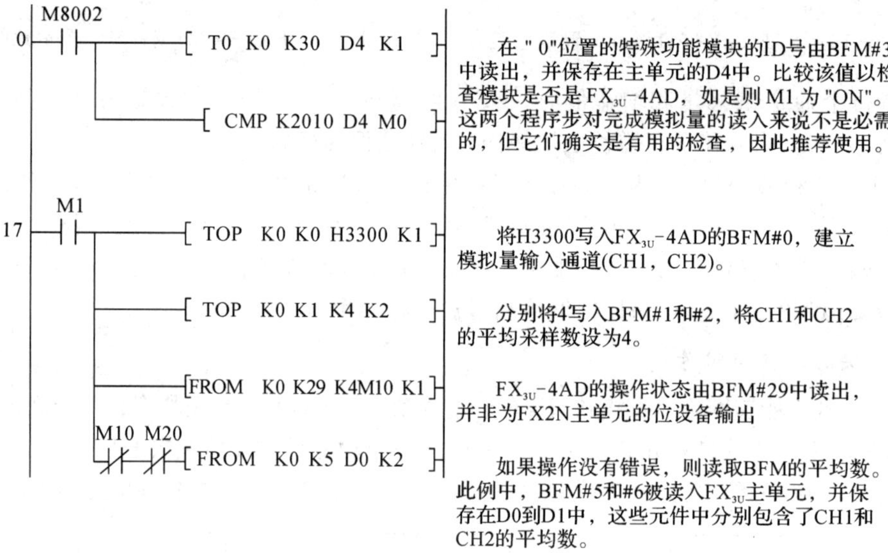

图 2-15-6　模拟量输入模块 FX$_{3U}$-4AD 的应用

3. 模拟量输出模块 FX$_{3U}$-4DA

FX$_{3U}$-4DA 模拟量输出模块是 4 通道 12 位 D/A 转换模块，它可以将 12 位数字信号转换为模拟量电压或电流输出。电压输出时，输出电压范围为 -10~+10 V；电流输出时，输出电流为直流 0~+20 mA 和直流 +4~+20 mA。

1）FX$_{3U}$-4DA 模块的外部接线

FX$_{3U}$-4DA 模块的外部接线如图 2-15-7 所示。

关于接线的几点说明如下：

（1）双绞线屏蔽电缆应该远离干扰源。

（2）输出电缆的负载端使用单点接地。

（3）若有噪音或干扰，可以接一个电容器（0.1~0.47 μF/25 V）。

（4）FX$_{3U}$-4DA 模块与 PLC 基本单元的接地应接在一起。

（5）电压输出端或电流输出端不要短接。

（6）不要在不使用的端子上接任何单元。

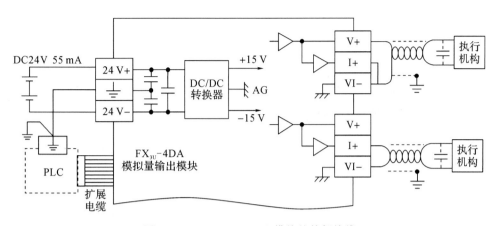

图 2 - 15 - 7　FX₃ᵤ - 4DA 模块的外部接线

2）FX₃ᵤ - 4DA 模块的缓冲寄存器（BFM）

FX₃ᵤ - 4DA 的内部有 32 个缓冲寄存器，用来与 FX₃ᵤ 基本单元进行数据交换，每个缓冲寄存器为 16 位的 RAM。FX₃ᵤ - 4DA 的 32 个缓冲寄存器的编号及定义见表 2 - 15 - 2 所示。表中带"W"号的缓冲寄存器可用 TO 指令写入 PLC 中，标有"E"号的缓冲寄存器可以写入 EEPROM 中，当电源关闭后数据缓冲寄存器中的数据可以保持。

表 2 - 15 - 2　缓冲器编号及定义

	BFM	内　　容	
	♯0(E)	输出模式选择，出厂设置为 H0000	
W	♯1	输出通道 CH1～CH4 的数据	
	♯2		
	♯3		
	♯4		
	♯5(E)	数据保持模式，出厂设置为 H0000	
	♯6、♯7	保留	
	♯8(E)	CH₁、CH2 的偏移/增益设定命令，初始数 H0000	
	♯9(E)	CH3、CH4 的偏移/增益设定命令，初始数 H0000	
W	♯10	偏移数据 CH1	单位:mV 或 μA 初始偏移值：0；输出 初始增益值：＋5000；模式 0
	♯11	增益数据 CH1	
	♯12	偏移数据 CH2	
	♯13	增益数据 CH2	
	♯14	偏移数据 CH3	
	♯15	增益数据 CH3	
	♯16	偏移数据 CH4	
	♯17	增益数据 CH4	

续表

BFM		内　　容
#18、#19		保留
W	#20(E)	初始化，初始值＝0
	#21(E)	禁止调整 I/O 特性(初始值：1)
#22～#28		保留
#29		错误状态
#30		K3020 识别码
#31		保留

(1) 输出模式选择。BFM#0 为输出模式选择缓冲寄存器，在 BFM#O 中写入 4 位十六进制数 HXXXX，4 位数字从右至左分别控制 1、2、3、4 四个通道，每位数字取值范围为 0～2，其含义如下：

- 0 表示设置电压输出模式(−10～+10 V)。
- 1 表示设置电流输出模式(+4～+20 mA)。
- 2 表示设置电流输出模式(0～+20 mA)。

例如 BFM#0＝H1102，表示 CH1 设定为电流输出模式，0～+20 mA；CH2 设定为电压输出模式，−10～+10 V；CH3、CH4 设定为电流输出模式，4～+20 mA。

(2) 输出数据通道。BFM#1～BFM#4 分别为输出数据通道 CH1～CH4 所对应的数据缓冲寄存器，其初始值均为零。

(3) BFM#5 为数据输出模式缓冲寄存器，当 PLC 处于停止(STOP)模式时，RUN 模式下的最后输出值将被保持。当 BFM#5＝H0000 时，CH1～CH4 各通道输出值保持，若要复位某一通道使其成为偏移量，则应将 BFM#5 中的对应位置 1。例如，BFM#5＝H0011，则说明通道 CH3、CH4 保持，CH1、CH2 为偏移值。

(4) BFM#8、BFM#9 为偏移和增益设置允许缓冲寄存器，在 BFM#8 或#9 相应的十六进制数据位中写入 1，就可以允许设置 CH1～CH4 的偏移量与增益值。

BFM#8(CH2、CHl)　　　　　　　　BFM#9(CH4、CH3)

H　X　X　X　X　　　　　　　　　H　X　X　X　X

G2　O2　G1　O1　　　　　　　　　　G4　O4　G3　O3

X＝0：不允许设置；X＝1：允许设置。

(5) BFM#10～BFM#17 为偏移量/增益值设定缓冲寄存器，设定值可用 T0 指令来写入，写入数值的单位是 mV 或 μA。

(6) BFM#20 为初始化设定缓冲寄存器，当 BFM#20 被设置为 1 时，FX3U-4DA 恢复到出厂设定状态。

(7) BFM#21 为 I/O 特性调整抑制缓冲寄存器，若 BFM#21 被设置为 2，则用户调整 I/O 特性将被禁止；若 BFM#21 被设置为 0，I/O 特性调整将保持；默认值为 1，即 I/O 特性允许调整。

【应用实例】

FX₃U-4DA 模块连接在特殊功能模块的 1 号位置。CH1 和 CH2 两个通道用作电压输出通道。CH3 作为电流输出通道（+4～+20 mA），CH4 也用作电流输出通道（0～+20 mA）。当 CPU 处于"STOP"状态，输出保持，另外使用了状态消息，请编写梯形图程序。

本例编写的梯形图程序如图 2-15-8 所示。

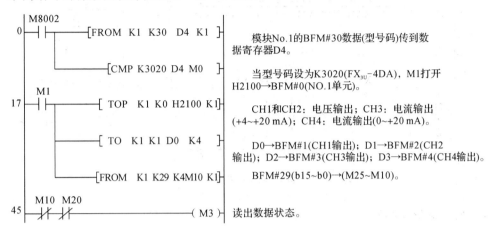

图 2-15-8 模拟量输出模块 FX$_{3U}$-4DA 的应用

四、任务实施

1. 输入/输出分配表

根据控制系统的要求，可确定 PLC 需要 8 个输入点、10 个输出点，其输入/输出分配见表 2-15-3 所示。

表 2-15-3 恒温控制系统输入/输出分配表

输　入		输　出	
X000	手动方式	Y000	继电器 KA1(加热器 1)
X001	自动方式	Y001	继电器 KA2(加热器 2)
X002	自动启动按钮	Y002	继电器 KA3(电铃)
X003	启动按钮 1	Y010	加热器 1 工作指示
X004	停止按钮 1	Y011	加热器 2 工作指示
X005	启动按钮 2	Y012	常温指示(绿)
X006	停止按钮 2	Y013	低温指示(黄灯闪烁)
X007	急停按钮	Y014	高温指示(红灯闪烁)
		Y015	手动方式指示
		Y016	自动方式指示

2. 输入/输出接线图

用三菱 FX$_{3U}$ 型可编程控制器实现恒温控制系统的输入/输出接线，如图 2-15-9 所示，FX$_{3U}$-4AD-PT 型模拟量输入模块(模块识别号为 K2040)作为系统温度检测模块并通过扩展电缆与 PLC 相连。

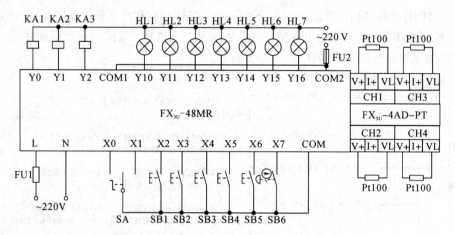

图 2-15-9 恒温控制系统的输入/输出接线图

3. 编写梯形图程序

根据恒温控制系统的控制要求,编写的参考梯形图程序如图 2-15-10 所示。

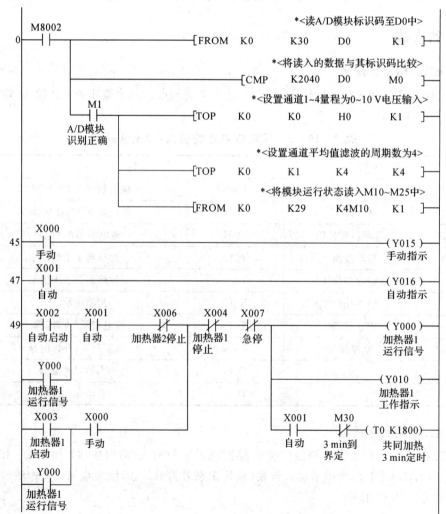

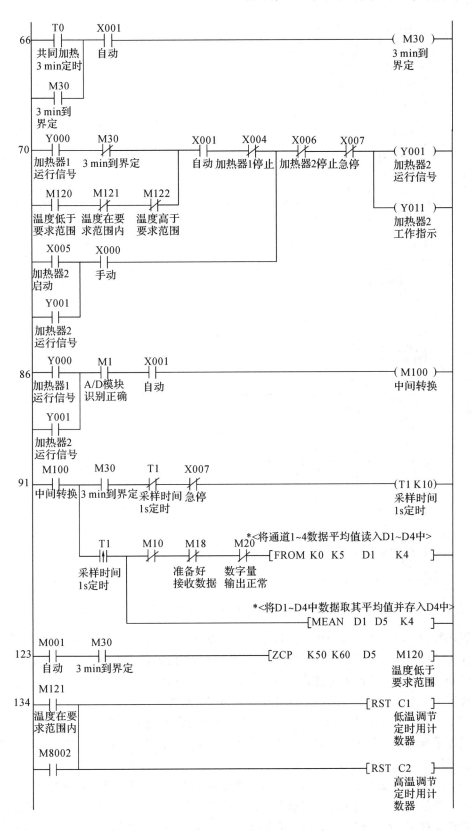

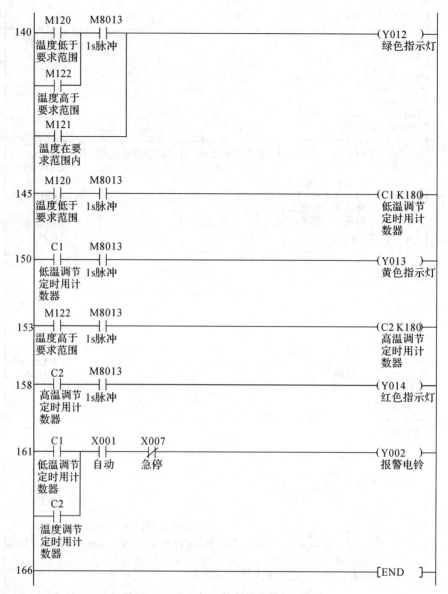

图 2-15-10　恒温控制系统梯形图程序

程序解释：PLC 开始运行时，通过特殊辅助继电器 M8002 产生的初始化脉冲进行初始化，包括将系统设置温度送入有关数据寄存器、作为调温计使用的两个计数器复位。

转动选择开关，选择系统操作方式。手动方式时按启动按钮 X003 或 X005 进行加热，加热温度不受系统控制，加热停止由停止按钮 X004 或 X006 控制；自动方式时按下自动启动按钮 X002，系统自动启动加热器 1 和 2 进行加热，温度受系统要求控制和调节。

温度采样时间到达时，系统将待测的 4 点温度值读入 PLC，然后按算术平均的方法求出 4 点温度的平均值。

将平均值与温度上下限进行比较。若平均温度在系统要求范围内，则绿灯亮；若平均温度处于要求范围之外，则系统进行调节，并对调节时间进行计时。若调节时间超过 3 min，则进行声光报警（超温红灯亮，低温黄灯亮，且电铃一直响）；若调节时间小于 3 min，则相应定时用的计数器复位。

程序中前 44 条指令用于识别 A/D 转换模块，$FX_{3U}-4AD-PT$ 的识别号为 K2040，如果识别正确则 M1 接通。本指令段还定义使用此模块的 4 个通道，并且每个通道均采用电压输出（0～10 V），4 个通道计算平均值的采样数为 4。将 BFM♯29 中的状态信息分别写到 M10～M25 中，若无出错并且已准备好接收数据，则将 BFM♯5～BFM♯8 中的内容传送到 PLC 的 D1～D4 中（在第 109 条 FROM 指令中实现）。

程序第 49～90 条，加热器 1 在自动状态下和加热器 2 同时加热 3 min，T0 为 3 min 定时；然后加热器 2 断开，加热器 2 受温度控制，温度低于 50℃时自行启动，高于 60℃时自行停止。

程序第 91～126 条主要实现 1 s 温度采集功能，然后求其平均值并存入 D5 中，此平均值再与 50～60℃温度段进行比较，并让相应中间继电器 M120～M122 接通。

程序第 137～169 条主要实现实时监控。当平均温度在温度范围内时绿灯亮；调温时绿灯闪烁；若超过 3 min 调温时间，温度仍低于 50℃则黄灯闪烁，或温度仍高于 60℃则红灯闪烁，同时接通电铃进行报警。

4. 系统调试

（1）在断电状态下，连接好 PC/PPI 电缆。

（2）将 PLC 运行模式选择开关拨到"STOP"位置，此时 PLC 处于停止状态，可以进行程序编写。

（3）在作为编程器的计算机上，运行 GX Developer 编程软件。

（4）将图 2-15-10 所示的梯形图程序输入到计算机中。

（5）将程序文件下载到 PLC 中。

（6）将 PLC 运行模式的选择开关拨到"RUN"位置，使 PLC 进入运行方式。

（7）在教师的现场监护下进行通电调试，验证系统功能是否符合控制要求。

（8）将转换开关拨向手动操作方式，按下加热器 1 启动按钮，检查加热器 1 是否正常工作；按下加热器 2 启动按钮，检查加热器 2 是否正常工作。手动运行正常后再将转换开关拨向自动操作方式，按下自动启动按钮，检查输出是否正常，3 min 后再检查输出是否正常。可人为使温度处于不正常状态，检查系统是否能进行实时温度调节、输出指示灯的状态是否按要求工作。若一切满足控制系统要求，则调试成功，否则继续调试直到满足要求为止。

（9）在调试过程中，如果出现故障，应分别检查硬件接线和梯形图程序是否有误，修改完成后应重新调试，直至系统能够正常工作。

（10）记录程序调试的结果。

五、拓展训练

某苗圃有 A、B、C 三个种植不同植物的区域。在常规情况下要求采用不同的灌溉方式进行浇灌，同时还可以自动根据天气情况改变灌溉方式。考虑到系统的可靠性和经济性，要求系统有手动控制和自动控制两种功能。根据不同植物生长的特点和要求，要求灌溉系统具有以下控制功能：

（1）A 区要求采用喷雾方法灌溉，每喷 2 min，停止 5 min，工作时间为每天 7 点开始，

17 点停止。

（2）B 区采用旋转式喷头进行喷灌，分为两组同时工作，每喷灌 5 min，停止 20 min，每天 9 点开始，14 点结束。

（3）C 区采用旋转式喷头进行喷灌，分为两组采用交替灌溉方式，即每隔 2 天灌溉 1 天。

（4）如果遇到阴雨天，则自动全天停止对沙床苗圃和盆栽花卉的灌溉（A 区）。

（5）具有温度、湿度的检测功能，即温度、湿度达到某一控制点时，报警并停止运行。

（6）具有报警指示和报警灯测试以及蜂鸣器消音功能。

（7）系统在自动（手动）工作方式时，能自动（手动）控制供水泵的运行、停止以及各电磁阀的开、关。

（8）自动、手动工作开关设置有相应的指示灯。

请编写其 PLC 程序，安装接线并调试运行。

六、巩固与提高

图 2-15-11 所示为电热水炉控制示意图，要求当水位低于低位液位开关时打开进水电磁阀加水，高于高位液位开关时关闭进水电磁阀停止加水。加热时，当水位高于低水位时，打开电源控制开关开始加热，当水烧开时（95～100℃），停止加热并保温（保温温度设在 80℃以上）。试用 PLC 完成此温度控制系统的设计。

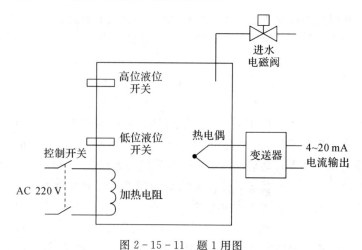

图 2-15-11 题 1 用图

附录 FX 系列 PLC 指令一览表

FX_{3U}、FX_{3UC}系列可编程控制器中新增指令所在的行，用阴影表示。

1. 基本指令

基本指令在下面的系列中对应，但是对象软元件如下表所示不同。

对应的可编程控制器	FX3U	FX3UC	FX1S	FX1N	FX2N	FX1NC	FX2NC
所有基本指令	○	○	○	○	○	○	○
有/无对象软元件（D□.b, R）	○	○	×	×	×	×	×

记号	称呼	符号	功能	对象软元件
		触点指令		
LD	取	对象软元件	a触点的逻辑运算开始	X,Y,M,S,D□.b,T,C
LDI	取反	对象软元件	a触点的逻辑运算开始	X,Y,M,S,D□.b,T,C
LDP	取脉冲上升沿	对象软元件	检测上升沿的运算开始	X,Y,M,S,D□.b,T,C
LDF	取脉冲下降沿	对象软元件	检测下降沿的运算开始	X,Y,M,S,D□.b,T,C
AND	与	对象软元件	串联a触点	X,Y,M,S,D□.b,T,C
ANI	与反转	对象软元件	串联b触点	X,Y,M,S,D□.b,T,C
ANDP	与脉冲上升沿	对象软元件	检测上升沿的串联连接	X,Y,M,S,D□.b,T,C
ANDF	与脉冲下降沿	对象软元件	检测下降沿的串联连接	X,Y,M,S,D□.b,T,C
OR	或	对象软元件	并联a触点	X,Y,M,S,D□.b,T,C
ORI	或反转	对象软元件	并联b触点	X,Y,M,S,D□.b,T,C
ORP	或脉冲上升沿	对象软元件	检测上升沿的并联连接	X,Y,M,S,D□.b,T,C
ORF	或脉冲下降沿	对象软元件	检测下降沿的并联连接	X,Y,M,S,D□.b,T,C
		指令		
ANB	回路块与		回路块的串联连接	—

记号	称呼	符号	功能	对象软元件
ORB	回路块或		回路块的并联连接	—
MPS	存储器进栈	MPS	运算存储	
MRD	存储器读栈	MRD	存储读出	—
MPP	存储器出栈	MPP	存储读出与复位	
INV	取反	IN V	运算结果的反转	—
MEP	M·E·P	↑	上升沿时导通	—
MEF	M·E·F	↓	下降沿时导通	—
输出指令				
OUT	输出	对象软元件	线圈驱动指令	Y,M,S,D□.b,T,C
SET	置位	SET 对象软元件	保持线圈动作	Y,M,S,D□.b
RST	复位	RST 对象软元件	解除保持的动作，当前值及寄存器的清除	Y,M,S,D□.b,T,C D,R,V,Z
PLS	脉冲	PLS 对象软元件	上升沿检测输出	Y,M
PLF	下降沿脉冲	PLF 对象软元件	下降沿检测输出	Y,M
主控指令				
MC	主控	MC N 对象软元件	连接到公共触点的指令	—
MCR	主控复位	MCR N	解除连接到公共触点的指令	—
其他指令				
NOP	空操作		无操作	—
结束指令				
END	结束	END	程序结束	—

2.步进梯形图指令

记号	称呼	符号	功能	对象软元件
STL	步进梯形图	STL 对象软元件	步进梯形图的开始	S
RET	返回	RET	步进梯形图的结束	—

3.应用指令-按FNC.No顺序

应用指令主要在执行四则运算和旋转·位移，便捷指令等，尤其是处理数值数据的场合下使用。
FX3U·FX3UC系列可编程控制器中新增的指令所在的行，用阴影表示。

※1: FX2N/FX2NC系列Ver.3.00以上产品中对应
※2: FX3UC系列Ver.1.30以上产品中可以更改功能
※3: FX3UC系列Ver.1.30以上产品中对应
※4: FX3UC系列Ver.2.20以上产品中可以更改功能
※5: FX3UC系列Ver.2.20以上产品中对应

FNC No	指令记号	符号	功能	FX3U	FX3UC	FX1S	FX1N	FX2N	FX1NC	FX2NC
			程序流程							
00	CJ	CJ Pn	条件跳转	○	○	○	○	○	○	○
01	CALL	CALL Pn	子程序调用	○	○	○	○	○	○	○
02	SRET	SRET	子程序返回	○	○	○	○	○	○	○
03	IRET	IRET	中断返回	○	○	○	○	○	○	○
04	EI	EI	允许中断	○	○	○	○	○	○	○
05	DI	DI	禁止中断	○	○	○	○	○	○	○
06	FEND	FEND	主程序结束	○	○	○	○	○	○	○
07	WDT	WDT	监控定时器	○	○	○	○	○	○	○
08	FOR	FOR S	循环范围的开始	○	○	○	○	○	○	○
09	NEXT	NEXT	循环范围的结束	○	○	○	○	○	○	○
			传送·比较							
10	CMP	CMP S1 S2 D	比较	○	○	○	○	○	○	○
11	ZCP	ZCP S1 S2 S D	区间比较	○	○	○	○	○	○	○
12	MOV	MOV S D	传送	○	○	○	○	○	○	○
13	SMOV	SMOV S m1 m2 D n	移位传送	○	○			○		○
14	CML	CML S D	反向传送	○	○			○		○
15	BMOV	BMOV S D n	成批传送	○	○	○	○	○	○	○

※1: FX2N/FX2NC 系列Ver.3.00以上产品中对应
※2: FX3UC系列Ver.1.30以上产品中可以更改功能
※3: FX3UC系列Ver.1.30以上产品中对应
※4: FX3UC系列Ver.2.20以上产品中可以更改功能
※5: FX3UC系列Ver.2.20以上产品中对应

FNC No	指令记号	符号	功能	FX3U	FX3UC	FX1S	FX1N	FX2N	FX1NC	FX2NC
						对应的可编程控制器				
传送·比较										
16	FMOV	FMOV S D n	多点传送	○	○	–	–	○	–	○
17	XCH	XCH D1 D2	交换	○	○	–	–	○	–	○
18	BCD	BCD S D	BCD转换	○	○	○	○	○	○	○
19	BIN	BIN S D	BIN转换	○	○	○	○	○	○	○
四则·逻辑运算										
20	ADD	ADD S1 S2 D	BIN加法	○	○	○	○	○	○	○
21	SUB	SUB S1 S2 D	BIN减法	○	○	○	○	○	○	○
22	MUL	MUL S1 S2 D	BIN乘法	○	○	○	○	○	○	○
23	DIV	DIV S1 S2 D	BIN除法	○	○	○	○	○	○	○
24	INC	INC D	BIN加1	○	○	○	○	○	○	○
25	DEC	DEC D	BIN减1	○	○	○	○	○	○	○
26	WAND	WAND S1 S2 D	逻辑字与	○	○	○	○	○	○	○
27	WOR	WOR S1 S2 D	逻辑字或	○	○	○	○	○	○	○
28	WXOR	WXOR S1 S2 D	逻辑字异或	○	○	○	○	○	○	○
29	NEG	NEG D	求补码	○	○	–	–	○	–	○
循环·移位										
30	ROR	ROR D n	循环右转	○	○	–	–	○	–	○
31	ROL	ROL D n	循环左转	○	○	–	–	○	–	○
32	RCR	RCR D n	带进位循环右移	○	○	–	–	○	–	○
33	RCL	RCL D n	带进位循环左移	○	○	–	–	○	–	○
34	SFTR	SFTR S D n1 n2	位右移	○	○	○	○	○	○	○

※1: FX2N/FX2NC系列Ver.3.00以上产品中对应　　　※4: FX3UC系列Ver.2.20以上产品中可以更改功能
※2: FX3UC系列Ver.1.30以上产品中可以更改功能　　※5: FX3UC系列Ver.2.20以上产品中对应
※3: FX3UC系列Ver.1.30以上产品中对应

FNC No	指令记号	符号	功能	对应的可编程控制器 FX3U	FX3UC	FX1S	FX1N	FX2N	FX1NC	FX2NC
循环・移位										
35	SFTL	SFTL S D n1 n2	位左移	○	○	○	○	○	○	○
36	WSFR	WSFR S D n1 n2	字右移	○	○	–	–	○	–	○
37	WSFL	WSFL S D n1 n2	字左移	○	○	–	–	○	–	○
38	SFWR	SFWR S D n	移位写入[先入先出/后入先出的控制用]	○	○	○	○	○	○	○
39	SFRD	SFRD S D n	移位读出[先入先出控制用]	○	○	○	○	○	○	○
数据处理										
40	ZRST	ZRST D1 D2	批次复位	○	○	○	○	○	○	○
41	DECO	DECO S D n	译码	○	○	○	○	○	○	○
42	ENCO	ENCO S D n	编码	○	○	○	○	○	○	○
43	SUM	SUM S D	ON位数	○	○	–	–	○	–	○
44	BON	BON S D n	ON位的判定	○	○	–	–	○	–	○
45	MEAN	MEAN S D n	平均值	○	○	–	–	○	–	○
46	ANS	ANS S m D	信号报警置位	○	○	–	–	○	–	○
47	ANR	ANR	信号报警复位	○	○	–	–	○	–	○
48	SQR	SQR S D	BIN开平方	○	○	–	–	○	–	○
49	FLT	FLT S D	BIN整数→2进制浮点数转换	○	○	–	–	○	–	○
高速处理										
50	REF	REF D n	输入输出刷新	○	○	○	○	○	○	○
51	REFF	REFF n	输入刷新（带滤波器设定）	○	○	–	–	○	–	○
52	MTR	MTR S D1 D2 n	矩阵输入	○	○	○	○	○	○	○
53	HSCS	HSCS S1 S2 D	比较置位（高速计数器用）	○	○	○	○	○	○	○

※1: FX2N/FX2NC系列Ver.3.00以上产品中对应　　　　※4: FX3UC系列Ver.2.20以上产品中可以更改功能

※2: FX3UC系列Ver.1.30以上产品中可以更改功能　　　※5: FX3UC系列Ver.2.20以上产品中对应

※3: FX3UC系列Ver.1.30以上产品中对应

FNC No	指令记号	符号	功能	FX3U	FX3UC	FX1S	FX1N	FX2N	FX1NC	FX2NC
			高速处理							
54	HSCR	HSCR S1 S2 D	比较复位（高速计数器用）	○	○	○	○	○	○	○
55	HSZ	HSZ S1 S2 S D	区间比较（高速计数器用）	○	○	–	–	○	–	○
56	SPD	SPD S1 S2 D	脉冲密度	○	○	○	○	○	○	○
57	PLSY	PLSY S1 S2 D	脉冲输出	○	○	○	○	○	○	○
58	PWM	PWM S1 S2 D	脉宽调制	○	○	○	○	○	○	○
59	PLSR	PLSR S1 S2 S3 D	带加减速的脉冲输出	○	○	○	○	○	○	○
			便捷指令							
60	IST	IST S D1 D2	初始化状态	○	○	○	○	○	○	○
61	SER	SER S1 S2 D n	数据检索	○	○	–	–	○	–	○
62	ABSD	ABSD S1 S2 D n	凸轮控制（绝对方式）	○	○	○	○	○	○	○
63	INCD	INCD S1 S2 D n	凸轮控制（相对方式）	○	○	○	○	○	○	○
64	TTMR	TTMR D n	示教定时器	○	○	○	○	○	○	○
65	STMR	STMR S m D	特殊定时器	○	○	○	○	○	○	○
66	ALT	ALT D	交替输出	○	○	○	○	○	○	○
67	RAMP	RAMP S1 S2 D n	斜坡信号	○	○	○	○	○	○	○
68	ROTC	ROTC S m1 m2 D	旋转工作台控制	○	○	–	–	○	–	○
69	SORT	SORT S m1 m2 D n	数据排列	○	○	–	–	○	–	○
			外围设备I/O							
70	TKY	TKY S D1 D2	数字键输入	○	○	–	–	○	–	○
71	HKY	HKY S D1 D2 D3	16键输入	○	○	–	–	○	–	○
72	DSW	DSW S D1 D2 n	数字式开关	○	○	○	○	○	○	○

※1：FX2N/FX2NC系列Ver.3.00以上产品中对应　　※4：FX3UC系列Ver.2.00以上产品中可以更改功能
※2：FX3UC系列Ver.1.30以上产品中可以更改功能　　※5：FX3UC系列Ver.2.00以上产品中对应
※3：FX3UC系列Ver.1.30以上产品中对应

FNC No	指令记号	符号	功能	FX3U	FX3UC	FX1S	FX1N	FX2N	FX1NC	FX2NC
						对应的可编程控制器				
			外围设备I/O							
73	SEGD	⊢⊣⊢ SEGD S D	7段译码	○	○	−	−	○	−	○
74	SEGL	⊢⊣⊢ SEGL S D n	7段码时间分割显示	○	○	○	○	○	○	○
75	ARWS	⊢⊣⊢ ARWS S D1 D2 n	箭头开关	○	○	−	−	○	−	○
76	ASC	⊢⊣⊢ ASC S D	ASCII 数据输入	○	○	−	−	○	−	○
77	PR	⊢⊣⊢ PR S D	ASCII码打印	○	○	−	−	○	−	○
78	FROM	⊢⊣⊢ FROM m1 m2 D n	BFM 读出	○	○	−	○	○	−	○
79	TO	⊢⊣⊢ TO m1 m2 S n	BFM 写入	○	○	−	○	○	−	○
			外部设备(选件设备)							
80	RS	⊢⊣⊢ RS S m D n	串行数据传送	○	○	○	○	○	○	○
81	PRUN	⊢⊣⊢ PRUN S D	8进制位传送	○	○	○	○	○	○	○
82	ASCI	⊢⊣⊢ ASCI S D n	HEX→ ASCII 的转换	○	○	○	○	○	○	○
83	HEX	⊢⊣⊢ HEX S D n	ASCII →HEX的转换	○	○	○	○	○	○	○
84	CCD	⊢⊣⊢ CCD S D n	校验码	○	○	○	○	○	○	○
85	VRRD	⊢⊣⊢ VRRD S D	电位器读出	−	−	○	○	○	○	○
86	VRSC	⊢⊣⊢ VRSC S D	电位器刻度	−	−	○	○	○	○	○
87	RS2	⊢⊣⊢ RS2 S m D n n1	串行数据传送2	○	○	−	−	−	−	−
88	PID	⊢⊣⊢ PID S1 S2 S3 D	PID运算	○	○	○	○	○	○	○
89~99	−									
			数据传送2							
100 101	−									
102	ZPUSH	⊢⊣⊢ ZPUSH D	变址寄存器的批次躲避	○	※5	−	−	−	−	−

※1: FX2N/FX2NC系列Ver.3.00以上产品中对应　　　※4: FX3UC系列Ver.2.20以上产品中可以更改功能

※2: FX3UC系列Ver.1.30以上产品中可以更改功能　　※5: FX3UC系列Ver.2.20以上产品中对应

※3: FX3UC系列Ver.1.30以上产品中对应

FNC No	指令记号	符号	功能	FX3U	FX3UC	对应的可编程控制器 FX1S	FX1N	FX2N	FX1NC	FX2NC
			数据传送2							
103	ZPOP	ZPOP D	变址寄存器的恢复	○	※5	–	–	–	–	–
104~109	—									
			浮点数							
110	ECMP	ECMP S1 S2 D	2进制浮点数比较	○	○	–	–	○	–	○
111	EZCP	EZCP S1 S2 S D	2进制浮点数区间比较	○	○	–	–	○	–	○
112	EMOV	EMOV S D	2进制浮点数数据传送	○	○	–	–	–	–	–
113~115										
116	ESTR	ESTR S1 S2 D	2进制浮点数→ 字符串的转换	○	○	–	–	–	–	–
117	EVAL	EVAL S D	字符串→ 2进制浮点数的转换	○	○	–	–	–	–	–
118	EBCD	EBCD S D	2进制浮点数→10进制浮点数的转换	○	○	–	–	○	–	○
119	EBIN	EBIN S D	10进制浮点数→ 2进制浮点数的转换	○	○	–	–	○	–	○
120	EADD	EADD S1 S2 D	2进制浮点数加法运算	○	○	–	–	○	–	○
121	ESUB	ESUB S1 S2 D	2进制浮点数减法运算	○	○	–	–	○	–	○
122	EMUL	EMUL S1 S2 D	2进制浮点数乘法运算	○	○	–	–	○	–	○
123	EDIV	EDIV S1 S2 D	2进制浮点数除法运算	○	○	–	–	○	–	○
124	EXP	EXP S D	2进制浮点数指数运算	○	○	–	–	–	–	–
125	LOGE	LOGE S D	2进制浮点数自然对数运算	○	○	–	–	–	–	–
126	LOG10	LOG10 S D	2进制浮点数常用对数运算	○	○	–	–	–	–	–
127	ESQR	ESQR S D	2进制浮点数开平方运算	○	○	–	–	○	–	○
128	ENEG	ENEG D	2进制浮点数符号翻转	○	○	–	–	–	–	–
129	INT	INT S D	2进制浮点数→BIN 整数的转换	○	○	–	–	○	–	○

※1：FX2N/FX2NC系列Ver.3.00以上产品中对应　　※4：FX3UC系列Ver.2.20以上产品中可以更改功能
※2：FX3UC系列Ver.1.30以上产品中可以更改功能　　※5：FX3UC系列Ver.2.20以上产品中对应
※3：FX3UC系列Ver.1.30以上产品中对应

FNC No	指令记号	符号	功能	FX3U	FX3UC	FX1S	FX1N	FX2N	FX1NC	FX2NC
			浮点数							
130	SIN	SIN S D	2进制浮点数SIN运算	○	○	–	–	○	–	○
131	COS	COS S D	2进制浮点数COS运算	○	○	–	–	○	–	○
132	TAN	TAN S D	2进制浮点数TAN运算	○	○	–	–	○	–	○
133	ASIN	ASIN S D	2进制浮点数SIN-1运算	○	○	–	–	–	–	–
134	ACOS	ACOS S D	2进制浮点数COS-1运算	○	○	–	–	–	–	–
135	ATAN	ATAN S D	2进制浮点数TAN-1运算	○	○	–	–	–	–	–
136	RAD	RAD S D	2进制浮点数角度→弧度的转换	○	○	–	–	–	–	–
137	DEG	DEG S D	2进制浮点数弧度→角度的转换	○	○	–	–	–	–	–
138, 139	–									
			浮点数							
140	WSUM	WSUM S D n	算出数据合计值	○	※5	–	–	–	–	–
141	WTOB	WTOB S D n	字节单位的数据分离	○	※5	–	–	–	–	–
142	BTOW	BTOW S D n	字节单位的数据结合	○	※5	–	–	–	–	–
143	UNI	UNI S D n	16位数据的4位结合	○	※5	–	–	–	–	–
144	DIS	DIS S D n	16位数据的4位分离	○	※5	–	–	–	–	–
145, 146	–									
147	SWAP	SWAP S	上下字节转换	○	○	–	–	○	–	○
148	–									
149	SORT2	SORT2 S m1 m2 D n	数据排列2	○	–	–	–	–	–	–

※1: FX2N/FX2NC系列Ver.3.00以上产品中对应　　※4: FX3UC系列Ver.2.20以上产品中可以更改功能
※2: FX3UC系列Ver.1.30以上产品中可以更改功能　　※5: FX3UC系列Ver.2.20以上产品中对应
※3: FX3UC系列Ver.1.30以上产品中对应

FNC No	指令记号	符号	功能	FX3U	FX3UC	对应的可编程控制器				
						FX1S	FX1N	FX2N	FX1NC	FX2NC
			定位							
150	DSZR	⊢⊢─[DSZR S1 S2 D1 D2]	带DOG搜索的原点回归	○	※4	–	–	–	–	–
151	DVIT	⊢⊢─[DVIT S1 S2 D1 D2]	中断定位	○	※2,4	–	–	–	–	–
152	TBL	⊢⊢─[TBL D n]	表格设定定位	○	※5	–	–	–	–	–
153, 154	–									
155	ABS	⊢⊢─[ABS S D1 D2]	读出ABS当前值	○	○	○	○	※1	○	※1
156	ZRN	⊢⊢─[ZRN S1 S2 S3 D]	原点返回	○	※4	○	○	–	○	–
157	PLSV	⊢⊢─[PLSV S D1 D2]	可变速脉冲输出	○	○	○	○	–	○	–
158	DRVI	⊢⊢─[DRVI S1 S2 D1 D2]	相对定位	○	○	○	○	–	○	–
159	DRVA	⊢⊢─[DRVA S1 S2 D1 D2]	绝对定位	○	○	○	○	–	○	–
			时钟运算							
160	TCMP	⊢⊢─[TCMP S1 S2 S3 S D]	时钟数据比较	○	○	○	○	○	○	○
161	TZCP	⊢⊢─[TZCP S1 S2 S D]	时钟数据区间比较	○	○	○	○	○	○	○
162	TADD	⊢⊢─[TADD S1 S2 D]	时钟数据加法运算	○	○	○	○	○	○	○
163	TSUB	⊢⊢─[TSUB S1 S2 D]	时钟数据减法运算	○	○	○	○	○	○	○
164	HTOS	⊢⊢─[HTOS S D]	小时，分，秒数据的秒转换	○	○	–	–	–	–	–
165	STOH	⊢⊢─[STOH S D]	秒数据的[小时，分，秒]转换	○	○	○	○	○	○	○
166	TRD	⊢⊢─[TRD D]	时钟数据读出	○	○	○	○	○	○	○
167	TWR	⊢⊢─[TWR S]	时钟数据写入	○	○	○	○	○	○	○
168	–									
169	HOUR	⊢⊢─[HOUR S D1 D2]	计时	○	○	○	○	※1	○	※1

※1：FX2N/FX2NC系列Ver.3.00以上产品中对应
※2：FX3UC系列Ver.1.30以上产品中可以更改功能
※3：FX3UC系列Ver.1.30以上产品中对应
※4：FX3UC系列Ver.2.20以上产品中可以更改功能
※5：FX3UC系列Ver.2.20以上产品中对应

FNC No	指令记号	符号	功能	FX3U	FX3UC	FX1S	FX1N	FX2N	FX1NC	FX2NC
			外部设备							
170	GRY	⊢⊣— GRY S D	格雷码的转换	○	○	–	–	○	–	○
171	GBIN	⊢⊣— GBIN S D	格雷码的逆转换	○	○	–	–	○	–	○
172~175	—									
176	RD3A	⊢⊣— RD3A m1 m2 D	模拟量模块的读出	○	○	–	○	※1	○	※1
177	WR3A	⊢⊣— WR3A m1 m2 S	模拟量模块的写入	○	○	–	○	※1	○	※1
178, 179	—									
			扩展功能							
180	EXTR	⊢⊣— EXTR S SD1 SD2 SD3	扩展ROM功能(FX2N/FX2NC)	–	–	–	–	※1	–	※1
			其他指令							
181	—									
182	COMRD	⊢⊣— COMRD S D	读出软元件的注释数据	○	※5	–	–	–	–	–
183	—									
184	RND	⊢⊣— RND D	产生随机数	○	○	–	–	–	–	–
185	—									
186	DUTY	⊢⊣— DUTY n1 n2 D	出现定时脉冲	○	※5	–	–	–	–	–
187	—									
188	CRC	⊢⊣— CRC S D n	CRC 运算	○	○	–	–	–	–	–
189	HCMOV	⊢⊣— HCMOV S D n	高速计数器传送	○	※4	–	–	–	–	–
			数据块的处理							
190, 191	—									
192	BK+	⊢⊣— BK+ S1 S2 D n	数据块加法运算	○	※5	–	–	–	–	–
193	BK–	⊢⊣— BK– S1 S2 D n	数据块减法运算	○	※5	–	–	–	–	–

※1: FX2N/FX2NC系列Ver.3.00以上产品中对应 　※4: FX3UC系列Ver.2.20以上产品中可以更改功能
※2: FX3UC系列Ver.1.30以上产品中可以更改功能 　※5: FX3UC系列Ver.2.20以上产品中对应
※3: FX3UC系列Ver.1.30以上产品中对应

FNC No	指令记号	符号	功能	FX3U	FX3UC	对应的可编程控制器 FX1S	FX1N	FX2N	FX1NC	FX2NC
			数据块的处理							
194	BKCMP=	⊣⊢—[BKCMP= S1 S2 D n]	数据块的比较 (S1) = (S2)	○	※5	–	–	–	–	–
195	BKCMP>	⊣⊢—[BKCMP> S1 S2 D n]	数据块的比较 (S1) > (S2)	○	※5	–	–	–	–	–
196	BKCMP<	⊣⊢—[BKCMP< S1 S2 D n]	数据块的比较 (S1) < (S2)	○	※5	–	–	–	–	–
197	BKCMP<>	⊣⊢—[BKCMP<> S1 S2 D n]	数据块的比较 (S1) ≠ (S2)	○	※5	–	–	–	–	–
198	BKCMP<=	⊣⊢—[BKCMP<= S1 S2 D n]	数据块的比较 (S1) ≦ (S2)	○	※5	–	–	–	–	–
199	BKCMP>=	⊣⊢—[BKCMP>= S1 S2 D n]	数据块的比较 (S1) ≧ (S2)	○	※5	–	–	–	–	–
			字符串的控制							
200	STR	⊣⊢—[STR S1 S2 D]	BIN→字符串的转换	○	※5	–	–	–	–	–
201	VAL	⊣⊢—[VAL S D1 D2]	字符串→BIN的转换	○	※5	–	–	–	–	–
202	$+	⊣⊢—[$+ S1 S2 D]	字符串的合并	○	○	–	–	–	–	–
203	LEN	⊣⊢—[LEN S D]	检测出字符串的长度	○	○	–	–	–	–	–
204	RIGHT	⊣⊢—[RIGHT S D n]	从字符串的右侧开始取出	○	○	–	–	–	–	–
205	LEFT	⊣⊢—[LEFT S D n]	从字符串的左侧开始取出	○	○	–	–	–	–	–
206	MIDR	⊣⊢—[MIDR S1 D S2]	从字符串中任意取出	○	○	–	–	–	–	–
207	MIDW	⊣⊢—[MIDW S1 D S2]	字符串中的任意替换	○	○	–	–	–	–	–
208	INSTR	⊣⊢—[INSTR S1 S2 D n]	字符串的检索	○	※5	–	–	–	–	–
209	$MOV	⊣⊢—[$MOV S D]	字符串的传送	○	○	–	–	–	–	–
			数据处理3							
210	FDEL	⊣⊢—[FDEL S D n]	数据表的数据删除	○	※5	–	–	–	–	–
211	FINS	⊣⊢—[FINS S D n]	数据表的数据插入	○	※5	–	–	–	–	–
212	POP	⊣⊢—[POP S D n]	后入的数据读取 [后入先出控制用]	○	○	–	–	–	–	–

※1：FX2N/FX2NC系列Ver.3.00以上产品中对应
※2：FX3UC系列Ver.1.30以上产品中可以更改功能
※3：FX3UC系列Ver.1.30以上产品中对应
※4：FX3UC系列Ver.2.20以上产品中可以更改功能
※5：FX3UC系列Ver.2.20以上产品中对应

FNC No	指令记号	符号	功能		FX3U	FX3UC	FX1S	FX1N	FX2N	FX1NC	FX2NC
			数据处理3								
213	SFR	SFR D n	16位数据n位右移（带进位）		○	○	–	–	–	–	–
214	SFL	SFL D n	16位数据n位左移（带进位）		○	○	–	–	–	–	–
215~219	—										
			触点比较								
220~223	—				○	○	○	○	○	○	○
224	LD=	LD= S1 S2	触点比较LD	(S1)=(S2)	○	○	○	○	○	○	○
225	LD>	LD> S1 S2	触点比较LD	(S1)>(S2)	○	○	○	○	○	○	○
226	LD<	LD< S1 S2	触点比较LD	(S1)<(S2)	○	○	○	○	○	○	○
227	—										
228	LD<>	LD<> S1 S2	触点比较LD	(S1)≠(S2)	○	○	○	○	○	○	○
229	LD<=	LD<= S1 S2	触点比较LD	(S1)≧(S2)	○	○	○	○	○	○	○
230	LD>=	LD>= S1 S2	触点比较LD	(S1)≧(S2)	○	○	○	○	○	○	○
231	—										
232	AND=	AND= S1 S2	触点比较AND	(S1)=(S2)	○	○	○	○	○	○	○
233	AND>	AND> S1 S2	触点比较AND	(S1)>(S2)	○	○	○	○	○	○	○
234	AND<	AND< S1 S2	触点比较AND	(S1)<(S2)	○	○	○	○	○	○	○
235	—										
236	AND<>	AND<> S1 S2	触点比较AND	(S1)≠(S2)	○	○	○	○	○	○	○
237	AND<=	AND<= S1 S2	触点比较AND	(S1)≧(S2)	○	○	○	○	○	○	○
238	AND>=	AND>= S1 S2	触点比较AND	(S1)≧(S2)	○	○	○	○	○	○	○
239	—										

FX2N/FX2NC系列Ver.3.00以上产品中对应
FX3UC系列Ver.1.30以上产品中可以更改功能
FX3UC系列Ver.1.30以上产品中对应

※4: FX3UC系列Ver.2.20以上产品中可以更改功能
※5: FX3UC系列Ver.2.20以上产品中对应

FNC No	指令记号	符号	功能		FX3U	FX3UC	对应的可编程控制器				
							FX1S	FX1N	FX2N	FX1NC	FX2NC
触点比较											
240	OR=	OR= S1 S2	触点比较OR	(S1) = (S2)	○	○	○	○	○	○	○
241	OR>	OR > S1 S2	触点比较OR	(S1) > (S2)	○	○	○	○	○	○	○
242	OR<	OR < S1 S2	触点比较OR	(S1) < (S2)	○	○	○	○	○	○	○
243	–										
244	OR<>	OR<> S1 S2	触点比较OR	(S1) ≠ (S2)	○	○	○	○	○	○	○
245	OR<=	OR<= S1 S2	触点比较OR	(S1) ≦ (S2)	○	○	○	○	○	○	○
246	OR>=	OR>= S1 S2	触点比较OR	(S1) ≧ (S2)	○	○	○	○	○	○	○
247~249	–										
数据表的处理											
250~255	–										
256	LIMIT	LIMIT S1 S2 S3 D	上下限位控制		○	○	–	–	–	–	–
257	BAND	BAND S1 S2 S3 D	死区控制		○	○	–	–	–	–	–
258	ZONE	ZONE S1 S2 S3 D	区域控制		○	○	–	–	–	–	–
259	SCL	SCL S1 S2 D	定标（不同点座标数据）		○	○	–	–	–	–	–
260	DABIN	DABIN S D	10进制ASCII →BIN的转换		○	※5	–	–	–	–	–
261	BINDA	BINDA S D	BIN →10进制ASCII的转换		○	※5	–	–	–	–	–
262~268	–										
269	SCL2	SCL2 S1 S2 D	定标2（X/Y座标数据）		○	※3	–	–	–	–	–

※1：FX2N/FX2NC系列Ver.3.00以上产品中对应　　　※4：FX3UC系列Ver.2.20以上产品中可以更改功能
※2：FX3UC系列Ver.1.30以上产品中可以更改功能　　※5：FX3UC系列Ver.2.20以上产品中对应
※3：FX3UC系列Ver.1.30以上产品中对应

FNC No	指令记号	符号	功能	FX3U	FX3UC	对应的可编程控制器				
						FX1S	FX1N	FX2N	FX1NC	FX2NC
		外部设备通信(变频器通信)								
270	IVCK	┤├─ IVCK S1 S2 D n	变频器的运行监控	○	○	–	–	–	–	–
271	IVDR	┤├─ IVDR S1 S2 S3 n	变频器的运行控制	○	○	–	–	–	–	–
272	IVRD	┤├─ IVRD S1 S2 D n	变频器的参数读取	○	○	–	–	–	–	–
273	IVWR	┤├─ IVWR S1 S2 S3 n	变频器的参数写入	○	○	–	–	–	–	–
274	IVBWR	┤├─ IVBWR S1 S2 S3 n	变频器的参数成批写入	○	○	–	–	–	–	–
275~277	—									
		数据传送3								
278	RBFM	┤├─ RBFM m1 m2 D n1 n2	BFM分割读出	○	※5	–	–	–	–	–
279	WBFM	┤├─ WBFM m1 m2 S n1 n2	BFM分割写入	○	※5	–	–	–	–	–
		高速处理2								
280	HSCT	┤├─ HSCT S1 m S2 D n	高速计数器表比较	○	○	–	–	–	–	–
281~289	—									
		扩展文件寄存器的控制								
290	LOADR	┤├─ LOADR S n	读出扩展文件寄存器	○	○	–	–	–	–	–
291	SAVER	┤├─ SAVER S m D	扩展文件寄存器的一并写入	○	○	–	–	–	–	–
292	INITR	┤├─ INITR S m	扩展寄存器的初始化	○	○	–	–	–	–	–
293	LOGR	┤├─ LOGR S m D1 n D2	记入扩展寄存器	○	○	–	–	–	–	–
294	RWER	┤├─ RWER S n	扩展文件寄存器的删除·写入	○	※3	–	–	–	–	–
295	INITER	┤├─ INITER S n	扩展文件寄存器的初始化	○	※3	–	–	–	–	–
296~299	—									

参 考 文 献

[1] 张泽荣. 可编程序控制器原理与应用[M]. 北京：清华大学出版社，北京交通大学出版社，2004.

[2] 范次猛. PLC编程与应用技术（三菱）[M]. 武汉：华中科技大学出版社，2015.

[3] 王也仿. 可编程序控制器应用技术[M]. 北京：机械工业出版社，2001.

[4] 陈金艳，王浩. 可编程序控制器技术及应用[M]. 北京：机械工业出版社，2010.

[5] 李向东. 电气控制与PLC[M]. 北京：机械工业出版社，2005.

[6] 曹菁. 三菱PLC、触摸屏和变频器应用技术[M]. 北京：机械工业出版社，2010.

[7] 袁任光. 可编程序控制器选用手册[M]. 北京：机械工业出版社，2003.

[8] 金彦平. 可编程序控制器及应用（三菱）[M]. 金彦平，北京：机械工业出版社，2010.

[9] 冯宁，吴灏. 可编程控制器技术应用[M]. 北京：人民邮电出版社，2009.

[10] 黄中玉. PLC应用技术[M]. 北京：人民邮电出版社，2009.

[11] 刘建华，张静之. 三菱FX2N系列PLC应用技术[M]. 北京：机械工业出版社，2010.

[12] 范次猛. 可编程序控制器原理与应用[M]. 北京：北京理工大学出版社，2006.

[13] 史宜巧，田敏. PLC控制系统设计与运行维护[M]. 北京：机械工业出版社，2010.

[14] FX_{3U} $FX_{3U}C$ 系列微型可编程控制器编程手册[M]. 上海：三菱电机自动化（上海）有限公司，2005.

[15] 蔡杏山. PLC技术十日通[M]. 北京：中国电力出版社，2015.

[16] 李金城. 三菱FX_{3U} PLC应用基础与编程入门[M]. 北京：电子工业出版社，2016.

[17] 李长军，关开芹. 学PLC技术（三菱FX_{2N}系列）[M]. 北京：电子工业出版社，2014.

[18] 陶亦亦. 电气控制与PLC应用[M]. 北京：清华大学出版社，2010.

[19] 郭艳萍. 电气控制与PLC实训[M]. 北京：北京师范大学出版社，2008.

[20] 刘建华. 三菱FX_{2N}系列PLC应用技术[M]. 北京：机械工业出版社，2010.

[21] 杨公源. PLC应用实例在线解说[M]. 北京：电子工业出版社，2013.